北京天池峡谷观赏植物

黄 凯 陈之欢 黄体冉 著

電子工業出版社
Publishing House of Electronics Industry
北京 · BEIJING

内 容 简 介

本书旨在研究和传播北京怀柔天池峡谷森林公园的野生观赏植物知识，记述了每种植物的名称、分类地位、形态特征、生境、其他用途，并配有诗歌。本书图文并茂，区域特色鲜明。

本书可以供植物爱好者、旅游者、大中小学生科普实习使用。

图书在版编目（CIP）数据

北京天池峡谷观赏植物 / 黄凯，陈之欢，黄体冉著 . —北京：电子工业出版社，2018.9

ISBN 978-7-121-34997-3

Ⅰ . ①北…　Ⅱ . ①黄… ②陈… ③黄…　Ⅲ . ①观赏植物—介绍—怀柔区
Ⅳ . ① Q948.521.3

中国版本图书馆 CIP 数据核字（2018）第 207730 号

策划编辑：甄文全
责任编辑：甄文全
印　　刷：北京盛通印刷股份有限公司
装　　订：北京盛通印刷股份有限公司
出版发行：电子工业出版社
　　　　　北京市海淀区万寿路 173 信箱　邮编　100036
开　　本：850 × 1 168　1/32　印张：6.625　字数：210 千字
版　　次：2018 年 9 月第 1 版
印　　次：2018 年 9 月第 1 次印刷
定　　价：88.00 元

凡所购买电子工业出版社图书有缺损问题，请向购买书店调换。若书店售缺，请与本社发行部联系，联系及邮购电话：（010）88254888，88258888。

质量投诉请发邮件至 zlts@phei.com.cn，盗版侵权举报请发邮件至 dbqq@phei.com.cn。

本书咨询联系方式：（010）88254760，mxh@phei.com.cn。

著 者

黄 凯	陈之欢	黄体冉	王 瑞
蒋怡冰	张铎潇	刘 冰	叔博通
季 陈	闵 霞	焦 阳	乔永明
樊英鑫	孙李光	邹 鑫	唐 蕾

植物，生于天地之间，受到阳光照耀，是大自然给我们的礼物。每看一次，都是亲近了大自然。植物纯净、鲜香，是自然的恩赐，体现了人与自然的关爱与和谐。

前言

天池峡谷森林公园位于北京市怀柔区怀北镇上黄土梁48号，距市区76千米，是一处山清水秀、鸟语花香的风景峡谷。峡谷以水秀、涛声、谷幽、峰奇为特色。林荫树茂，岭奇路险；溪水潺潺，四季长流。奇妙的天池紫菲，数条溪流顺水而下，汇成1000多平方米的天池。

通过对景区实地考察，发现景区有大量的观赏植物资源。这些植物是在天然环境下自然形成的区域植物生态群落，具有稳定性强、纯天然的特点，乔木、灌木及地面覆盖植被种类丰富。

每年春季、夏季和秋季，是植物繁茂的时候，大家可以来天池峡谷森林公园观赏植物。

本书的编写得到了王瑞、蒋怡冰、张铎潇、刘冰、叔博通、季陈、闵霞、焦阳、乔永明、樊英鑫、孙李光、邹鑫、唐蕾的大力支持，在此表示感谢！

由于我们水平有限，时间仓促，所以错误和不足之处难免，欢迎大家指正。

目录

苔藓植物

蕨类植物

裸子植物

种子植物按 APG IV 分类系统排序

地钱	*Marchantia polymorpha* Linnaeus	地钱科

形态特征：叶状体较大，扁平，绿色阔带状，多回叉状分枝，边缘呈波曲状。背面具六边形、整齐排列白气室分隔；每室中央具 1 个气孔；孔边细胞 4 列，呈十字排列。气室内具多数直立白营养丝。腹面具紫红色鳞片，又具平滑和带月花纹的两种假根。雌雄异株。雄托圆盘状，波状浅裂成 7 ～ 8 瓣；精子器生于托的背面。紫托扁平，深裂成 9 ～ 11 个指状瓣。孢蒴着生于托的腹面。顺状体背面前端往往具杯状的无性芽胞杯。

生境：生于阴湿的土坡、墙下、山石或沼泽的湿土上。

地钱叶状体扁平，
腹面具紫红色鳞片。

中华卷柏 | *Selaginella sinensis* (Desvaux) Spring | 卷柏科

形态特征：土生或旱生，匍匐。根托在主茎上断续着生，自主茎分叉处下方生出。主茎通体羽状分枝，不呈“之”字形，无关节，禾秆色；侧枝多达 10 ～ 20 个，1 ～ 2 次或 2 ～ 3 次分叉，小枝稀疏，规则排列。叶全部交互排列，纸质，表面光滑。分枝上的腋叶对称，窄倒卵形，边缘睫毛状。中叶稍对称，小枝上的卵状椭圆形，排列紧密，背部不呈龙骨状。侧叶多少对称，略上斜。孢子叶穗紧密，四棱柱形，单个或成对生于小枝末端；孢子叶一型，卵形，边缘具睫毛，有白边，先端急尖，龙骨状。大孢子白色；小孢子橘红色。

生境：生于灌丛中岩石上或土坡上。

钩帘阴卷柏，
障壁坐防风。

银粉背蕨　*Aleuritopteris argentea* (S. G. Gmelin) Fée　中国蕨科

形态特征：根状茎直立或斜升（偶有沿石缝横走），先端被披针形，棕色、有光泽的鳞片。叶簇生；叶柄红棕色，有光泽，上部光滑；叶片五角形，长宽几相等，先端渐尖，羽片 3 ～ 5 对。叶干后草质或薄革质，上面褐色、光滑，叶脉不显，下面被乳白色或淡黄色粉末，裂片边缘有明显而均匀的细齿牙。孢子囊群较多；囊群盖连续，狭，膜质，黄绿色，全缘，孢子极面观为钝三角形，周壁表面具颗粒状纹饰。

生境：生于石灰岩石缝中或墙缝中。

不知旧行径，
初拳几枝蕨。

有柄石韦 *Pyrrosia petiolosa* (Christ) Ching 水龙骨科

形态特征：根状茎细长横走，幼时密被披针形，棕色鳞片；鳞片长尾状渐尖头，边缘具睫毛。叶远生，一型；具长柄，通常等于叶片长度的 1/2 ～ 2 倍，基部被鳞片，向上被星状毛，棕色或灰棕色；叶片椭圆形，急尖短钝头，基部楔形，下延，干后厚革质，全缘，上面灰淡棕色，有洼点，疏被星状毛，下面被厚层星状毛，初为淡棕色，后为砖红色。主脉下面稍隆起，上面凹陷，侧脉和小脉均不显。孢子囊群布满叶片背面，成熟时扩散并汇合。

生境：多附生于干旱裸露岩石上。

其他用途：叶药用，利尿通淋，清肺止咳，凉血止血。

树角惊现一株草，
嫩叶曰有柄石韦。

油松	*Pinus tabuliformis* Carrière	松科

形态特征：常绿乔木，高达 30 米，胸径可达 1 米。树皮下部灰褐色，裂成不规则鳞块。大枝平展或斜向上，老树平顶；小枝粗壮，雄球花柱形，长 1.2 ～ 1.8 厘米，聚生于新枝下部，呈穗状；球果卵形或卵圆形，长 4 ～ 7 厘米。种子长 6 ～ 8 毫米，连翅长 1.5 ～ 2.0 厘米、翅为种子长的 2 ～ 3 倍。花期 5 月，球果第二年 10 月上中旬成熟。

生境：生于干冷气候、土壤深厚、排水良好的环境，海拔 100 ～ 2600 米，主要分布在我国北方。

北京油松较多见，
常绿乔木寿命长。

五味子	*Schisandra chinensis* (Turczaninow) Baillon	五味子科

形态特征：落叶木质藤本。小枝褐色，有棱角。单叶互生，叶倒卵形、宽卵形或椭圆形，先端急尖或渐尖，基部楔形，边缘有腺状细齿，上面光滑无毛，下面叶脉上嫩时有短柔毛。花单性，雌雄异株，花单生或簇生于叶腋，花梗细长柔弱；花被片 6 ～ 9，乳白色或粉红色；雄花有 5 枚雄蕊，雌花的雌蕊群椭圆形，离生心皮 17 ～ 40，覆瓦状排列在花托上。果期花托逐渐延长，果熟时呈穗状聚合果。浆果肉质，紫红色。种子肾形。花期 5—6 月，果期 8—9 月。

生境：生于山地灌丛中。

其他用途：茎、叶及果实可提取芳香油，种子油可作润滑油。

木质藤本五味子，
浆果穗状紫红色。

北马兜铃	*Arisaema erubescens* (Wallich) Schott	马兜铃科

形态特征：草质藤本，茎无毛，干后有纵槽纹。叶纸质，卵状心形或三角状心形，顶端短尖或钝，基部心形，两侧裂片圆形，上面绿色，下面浅绿色，两面均无毛。总状花序有花 2 ～ 8 朵，有时仅 1 朵生于叶腋；花梗无毛，基部有小苞片；小苞片卵形，具长柄；花被基部膨大呈球形，向上收狭呈一长管状，绿色，外面无毛，内面具腺体状毛，管口扩大呈漏斗状；舌片卵状披针形，顶端长渐尖具延伸成线形而弯扭的尾尖，黄绿色，常具紫色纵脉和网纹；花药长圆形，贴生于合蕊柱近基部，并单个与其裂片对生；合蕊柱顶端 6 裂，裂片渐尖，向下延伸成波状圆环。蒴果宽倒卵形或椭圆状倒卵形，顶端圆形而微凹，平滑无毛，成熟时黄绿色，由基部向上开裂。种子三角状心形，灰褐色扁平，具小疣点、浅褐色膜质翅。花期 5—7 月，果期 8—10 月。

生境：生于山坡灌丛、沟谷两旁及林缘，海拔 1200 米以下。

其他用途：果入药。

北马兜铃果入药，
蒴果顶端圆形而微凹。

一把伞南星	*Arisaema erubescens* (Wallich) Schott	天南星科

又名天南星、虎掌南星。

形态特征：块茎扁球形，表皮黄色，有时淡红紫色。鳞叶绿白色、粉红色，有紫褐色斑纹。叶极稀，中部以下具鞘，鞘部粉绿色，上部绿色；叶片放射状分裂，裂片无定数。花序柄比叶柄短，直立。佛焰苞绿色，背面有清晰的白色条纹，或淡紫色至深紫色而无条纹，管部圆筒形。肉穗花序单性，各附属器棒状、圆柱形，中部稍膨大或否，直立；雄花序的附属器下部光滑或有少数中性花；雌花序上多数为中性花。雄花具短柄，淡绿色、紫色至暗褐色，雄蕊 2 ～ 4，药室近球形，顶孔开裂成圆形。雌花：子房卵圆形，柱头无柄。浆果红色。种子，球形，淡褐色。花期 5—7 月，果期 9 月。

生境：生于林下、灌丛、草坡、荒地等地，海拔 3200 米以下。

其他用途：块茎入药。

叶片放射状分裂，外形如同一把伞。

半夏	*Pinellia ternata* (Thunberg) Tenore ex Breitenbach	天南星科

形态特征：块茎圆球形，具须根。叶 2 ～ 5 枚，有时 1 枚。叶柄基部具鞘，鞘内、鞘部以上或叶片基部（叶柄顶头）有珠芽，珠芽在母株上萌发或落地后萌发；幼苗叶片卵状心形至戟形，为全缘单叶；老株叶片 3 全裂，裂片绿色，背淡，长圆状椭圆形或披针形，两头锐尖；侧裂片稍短。花序柄长于叶柄。佛焰苞绿色或绿白色，管部狭圆柱形；檐部长圆形，绿色，有时边缘青紫色，钝或锐尖。肉穗花序：附属器绿色变青紫色，直立，有时“S”形弯曲。浆果卵圆形，黄绿色，先端渐狭为明显的花柱。花期 5—7 月，果期 8 月。

生境：生于草坡、荒地、田边或疏林下，海拔 2500 米以下。

其他用途：块茎入药。

天南星科有半夏，
块茎可作中药。

穿龙薯蓣 | *Dioscorea nipponica* Makino | 薯蓣科

形态特征：缠绕草质藤本。根状茎横生，圆柱形，多分枝，栓皮层显著剥离。单叶互生；叶片掌状心形，变化较大。花雌雄异株。雄花序为腋生的穗状花序；苞片披针形，顶端渐尖，短于花被；蒴果成熟后枯黄色，三棱形，顶端凹入，基部近圆形，每棱翅状，大小不一；种子四周有不等的薄膜状翅，上方呈长方形。花期 6—8 月，果期 8—10 月。

生境：生于河谷两侧半阴半阳的山坡灌木丛中和稀疏杂木林内及林缘，也可生于山路旁及乱石覆盖的灌木丛中，海拔 1700 米以下。

其他用途：根茎入药。

林下满是灰落叶，
穿龙薯蓣攀其枝。

有斑百合	*Lilium concolor* var. *pulchellum* (Fischer) Regel	百合科

形态特征：多年生草本。鳞茎卵球形；鳞片卵形或卵状披针形，白色，鳞茎上方茎上有根。叶散生，条形，边缘有小乳头状突起，两面无毛。花 1～5 朵排成近伞形或总状花序；花直立，星状开展，深红色，有黑斑点，有光泽；花丝无毛，花药长矩圆形；子房圆柱形；花柱稍短于子房，柱头稍膨大。蒴果矩圆形。花期 6—7 月，果期 8—9 月。

生境：生于山坡草丛、路旁、灌木林下，海拔 2000 米以下。

其他用途：花含芳香油，可作香料。

月映九微火，
风吹百合香。

山丹	*Lilium pumilum* Redouté	百合科

形态特征：多年生草本。鳞茎卵形或圆锥形；鳞片矩圆形或长卵形，白色。茎有小乳头状突起，有的带紫色条纹。叶散生于茎中部，条形，中脉下面突出，边缘有乳头状突起。花单生或数朵排成总状花序，鲜红色，通常无斑点，有时有少量斑点，下垂；花被片反卷，蜜腺两边有乳头状突起。蒴果矩圆形。花期7—8月，果期9—10月。

生境：生于山坡草地或林缘，海拔400～2600米。

其他用途：肉质鳞叶入药，花供观赏。

山丹开花红艳艳，
肉质鳞茎可入药。

紫苞鸢尾	*Iris ruthenica* Ker Gawler	鸢尾科

形态特征：多年生草本，植株基部围有短的鞘状叶。根状茎斜伸；须根粗，暗褐色。叶条形，灰绿色。花茎纤细，略短于叶；苞片绿色，边缘带红紫色，披针形或宽披针形；花蓝紫色；花柱分枝扁平，顶端裂片狭三角形；子房狭纺锤形。蒴果球形或卵圆形。种子球形或梨形，有乳白色的附属物，遇潮湿易变黏。花期5—6月，果期7—8月。

生境：生于向阳草地或石质山坡。

其他用途：具有很高的观赏价值。

紫苞鸢尾生山坡，
花儿朵朵蓝紫色。

马蔺	*Iris lactea* Pallas	鸢尾科

形态特征：多年生草本。根状茎粗壮，木质，斜伸，外包有大量致密的红紫色折断的老叶残留叶鞘及毛发状的纤维；须根粗而长，黄白色，少分枝。叶基生，坚韧，灰绿色，条形或狭剑形，顶端渐尖，基部鞘状，带红紫色，无明显的中脉。蒴果长椭圆状柱形，顶端有短喙。种子为不规则的多面体，棕褐色，略有光泽。花期 5—6 月，果期 6—9 月。

生境：生于荒地、路旁及山坡草丛中。

其他用途：可以用于水土保持、放牧、观赏等。

包粽子绳是马蔺，
北京处处见蓝花。

曲枝天门冬 *Asparagus trichophyllus* Bunge 天门冬科

形态特征：草本，近直立。根较细。茎平滑，中部至上部强烈迴折状，小枝多少具软骨质齿。叶状枝通常每 5 ～ 8 枚成簇，刚毛状，略有 4 ～ 5 棱，稍弧曲，通常稍伏贴于小枝上，有时稍具软骨质齿；茎上的鳞片状叶基部有长 1 ～ 3 毫米的刺状距，极少成为硬刺，分枝上的距不明显。花每 2 朵腋生，绿黄色而稍带紫色；花丝中部以下贴生于花被片上；雌花较小。浆果熟时红色，有 3 ～ 5 颗种子。花期 5 月，果期 7 月。

生境：生于山地、路旁、田边或荒地。

赤车使者白头翁，
当归入见天门冬。

铃兰	*Convallaria majalis* Linnaeus	天门冬科

形态特征：多年生草本。全株无毛，常成片生长。叶椭圆形或卵状披针形，先端近急尖，基部楔形，叶具柄。花葶稍外弯；苞片披针形，短于花梗；花梗近顶端有关节，果熟时从关节处脱落；花白色；裂片卵状三角形，先端锐尖，有 1 脉；花丝稍短于花药，向基部扩大，花药近矩圆形；花柱柱状。浆果熟后红色，稍下垂。种子扁圆形或双凸状，表面有细网纹。花期 5—6 月，果期 7—9 月。

生境：生于阴坡林下潮湿处或沟边，海拔 850 ～ 2500 米。

铃兰生幽谷，
莹洁胜美玉。

舞鹤草 *Maianthemum bifolium* (Linnaeus) F. W. Schmidt 天门冬科

形态特征：多年生草本。根状茎细长，茎无毛或散生柔毛。茎生叶互生于茎的上部，三角状卵形，先端急尖至渐尖，基部心形。总状花序直立；花序轴有柔毛或乳头状突起；花白色，单生或成对。花梗细，顶端有关节，花被片矩圆形，花丝短于花被片，花药卵形，子房球形。浆果红色。种子卵圆形，种皮黄色，有颗粒状皱纹。花期 5—7 月，果期 8—9 月。

生境：生于高山阴坡林下。

始向蓬莱看舞鹤，
还过茝石听新莺。

玉竹	*Polygonatum odoratum* (Miller) Druce	天门冬科

形态特征：多年生草本。根状茎圆柱形。茎具 7 ～ 12 叶。叶互生，椭圆形至卵状矩圆形，先端尖，下面带灰白色，下面脉上平滑至呈乳头状粗糙。花序具 1 ～ 4 花，无苞片或有条状披针形苞片；花被黄绿色至白色，花被筒较直；花丝丝状，近平滑至具乳头状突起。浆果蓝黑色，具 7 ～ 9 颗种子。花期 5—6 月，果期 7—9 月。

生境：生于林下或山野阴坡，海拔 500 ～ 3000 米。

其他用途：根茎入药。

花下美人来，
林中生玉竹。

狭叶黄精	*Polygonatum stenophyllum* Maximowicz	天门冬科

形态特征：多年生草本。根状茎圆柱形，节部膨大。叶 4—6 枚轮生，线状披针形，先端渐尖。花序从轮叶间抽出，总花柄和花柄短，苞片白色，膜质；花被片白色，花被筒在喉部稍缢缩，雄蕊 6，着生于花被筒上。浆果近球形。花果期 6—7 月，果期 8—9 月。

生境：生于林下、路旁和灌丛中。

狭叶黄精根状茎，
生于林下路旁灌丛中。

热河黄精 *Polygonatum macropodum* Turczaninow 百合科

形态特征：根状茎圆柱形。叶互生，卵形至卵状椭圆形，少有卵状矩圆形先端尖。花序具 5 ～ 12 花，近伞房状；苞片无或极微小，位于花梗中部以下；花被白色或带红点；花丝具 3 狭翅，呈皮屑状，粗糙。浆果深蓝色，具 7 ～ 8 颗种子。

生境：生于林下或阴坡。

其他用途：根状茎入药。

幽人只采黄精去，
不见春山鹿养茸。

鸭跖草 | *Commelina communis* Linnaeus | 鸭跖草科

形态特征：一年生草本。茎匍匐生根，多分枝。叶披针形至卵状披针形。总苞片佛焰苞状，与叶对生，折叠状，展开后为心形，顶端短急尖，基部心形，边缘常有硬毛。聚伞花序，下面一枝仅有花 1 朵；上面一枝具花 3 ～ 4 朵，具短梗。萼片膜质；花瓣深蓝色。蒴果椭圆形。种子棕黄色，一端平截、腹面平。花期 5—9 月，果期 6—11 月。

生境：生于潮湿之地。

其他用途：地上部分入药。

鸭跖草花儿深蓝色，
花草丛中独娇艳。

竹叶子 | *Streptolirion volubile* Edgeworth | 鸭跖草科

形态特征：多年生攀援草本，极少茎近于直立。叶片心状圆形，有时心状卵形，顶端常尾尖，基部深心形，上面多少被柔毛。聚伞花序有花 1 朵至数朵，集成圆锥状，圆锥花序下面的总苞片叶状，上部的小而卵状披针形。花无梗，萼片顶端急尖；花瓣白色、淡紫色而后变白色。蒴果顶端有芒状突尖。种子褐灰色。花期 7—8 月，果期 9—10 月。

生境：生于山地、林下，海拔 2000 米以下。

竹叶青青不肯黄，
叶片呈心状圆形。

大披针叶薹草	*Carex lanceolata* Boott	莎草科

形态特征：根状茎粗壮，斜生。叶初时短于秆，后渐延伸，与秆近等长或超出，质软，边缘稍粗糙。苞片佛焰苞状。小穗 3 ～ 6 个，彼此疏远；顶生的 1 个穗为雄性，线状圆柱形，低于其下的雌小穗，或与之等高；侧生的 2 ～ 5 个小穗雌性，长圆形或长圆状圆柱形，有 5 ～ 10 朵疏生或稍密生的花。雄花鳞片长圆状披针形，褐色或褐棕色，具宽的白色膜质边缘；雌花鳞片披针形或倒卵状披针形，两侧紫褐色，中间淡绿色。果囊倒卵状长圆形，钝三棱形，淡绿色。小坚果倒卵状椭圆形，三棱形；花柱基部稍增粗，柱头 3 个。

生境：生于林下、林缘草地、阳坡干燥草地。

其他用途：茎叶可作造纸原料，嫩茎叶是牲畜的饲料。

蓬头稚子学垂纶，
侧坐莓薹草映身。

宽叶薹草 | *Carex siderosticta* Hance | 莎草科

形态特征：根状茎长。营养茎和花茎有间距，花茎近基部的叶鞘无叶片，淡棕褐色，营养茎的叶长圆状披针形，上面无毛，下面沿脉疏生柔毛。苞鞘上部膨大似佛焰苞状。小穗 3 ～ 6（10）个，雄雌顺序，线状圆柱形；小穗柄多伸出鞘外。雄花鳞片披针状长圆形；雌花鳞片椭圆状长圆形至披针状长圆形。果囊倒卵形或椭圆形，三棱形，平滑，具多条明显凸起的细脉。小坚果紧包于果囊中，椭圆形、三棱形；花柱宿存，基部不膨大，顶端稍伸出果囊之外，柱头 3 个。花果期 4—5 月。

生境：生于针阔叶混交林或阔叶林下或林缘。

山狭天窄情人谷，
两两坐于薹草间。

青绿薹草	*Carex breviculmis* R. Brown	莎草科

形态特征：根状茎短。秆丛生，纤细，三棱形，上部稍粗糙，基部叶鞘淡褐色，撕裂成纤维状。叶短于秆，边缘粗糙，质硬。小穗2～5个，上部的穗接近，下部的穗远离，顶生小穗雄性，长圆形，近无柄，紧靠其下面的雌小穗；侧生小穗雌性，长圆形或长圆状卵形，少有圆柱形，具稍密生的花。雄花鳞片倒卵状长圆形；雌花鳞片长圆形，倒卵状长圆形。果囊近等长于鳞片，倒卵形，钝三棱形，淡绿色。小坚果紧包于果囊中，卵形，栗色；花柱基部膨大成圆锥状，柱头3个。花果期3—6月。

生境：生于山坡草地、路边、山谷沟边。

日照天池波光鳞，
四周青绿衬池水。

白屈菜	*Chelidonium majus* Linnaeus	罂粟科

形态特征：多年生草本。主根粗壮，圆锥形，侧根多，暗褐色。茎聚伞状多分枝，分枝常被短柔毛。基生叶少，早凋落，叶片倒卵状长圆形或宽倒卵形；叶柄被柔毛或无毛，基部扩大成鞘。伞形花序多花；花梗纤细，幼时被长柔毛，后变无毛；苞片小，卵形。花芽卵圆形；萼片卵圆形，舟状；花瓣倒卵形，全缘，黄色；花丝丝状，黄色，花药长圆形；子房线形，绿色无毛。蒴果狭圆柱形，具通常比果短的柄。种子卵形，暗褐色，具光泽及蜂窝状小格。花果期 4—9 月。

生境：生于山坡、山谷林缘草地或路旁、石缝。

其他用途：全草入药，解痉止痛，止咳平喘。

漫山绿色染，
黄花其中缀。

小药八旦子	*Corydalis caudata* (Lamarck) Persoon	罂粟科

形态特征：瘦弱多年生草本。块茎圆球形或长圆形。茎基以上具1～2鳞片，鳞片上部具叶，枝条多发自叶腋，少数发自鳞片腋内。叶（1-）～2（-3）回三出，具细长的叶柄和小叶柄；叶柄基部常具叶鞘；小叶圆形至椭圆形，有时浅裂，下部苍白色。总状花序具3～8花，疏离。苞片卵圆形或倒卵形，下部较大。花梗明显长于苞片。萼片小，早落。花蓝色或紫蓝色。柱头四方形，上端具4乳突，下部具2尾状的乳突。蒴果卵圆形至椭圆形，具4～9种子。种子光滑，具狭长的种阜。

生境：生于山坡或林缘。

名为小药但未完，
再看后面八旦子。

蝙蝠葛 *Menispermum dauricum* Candolle 防己科

形态特征：落叶藤本，草质，根状茎褐色，一年生茎纤细，有条纹，无毛。叶纸质或近膜质，轮廓通常为心状扁圆形，基部心形至近截平，两面无毛，下面有白粉；掌状脉 9 ～ 12 条，其中向基部伸展的 3 ～ 5 条很纤细，均在背面凸起。圆锥花序单生或有时双生，有细长的总梗，有花数朵至 20 余朵，花密集成稍疏散，花梗纤细；雄花：萼片 4 ～ 8，膜质，绿黄色，倒披针形至倒卵状椭圆形，自外至内渐大；花瓣 6 ～ 12 片，肉质，凹成兜状，有短爪；雄蕊通常 12；雌花：雌蕊群具柄。核果紫黑色。花期 6—7 月，果期 8—9 月。

生境：生于山地林缘、灌丛沟谷或缠绕岩石上，海拔 1500 米以下。

其他用途：垂直绿化植物，根茎入药。

心状绿藤铺灌丛，
根茎剧毒仅入药。

细叶小檗 *Berberis poiretii* C. K. Schneider 小檗科

形态特征：落叶灌木。老枝灰黄色，幼枝紫褐色，生黑色疣点，具条棱；茎刺缺如或单一，有时三分叉。叶纸质，倒披针形至狭倒披针形，先端渐尖或急尖，具小尖头，基部渐狭，上面深绿色，中脉凹陷，背面淡绿色或灰绿色，中脉隆起，侧脉和网脉明显，两面无毛，叶缘平展，全缘；近无柄。穗状总状花序具8～15朵花；花黄色；苞片条形；小苞片2，披针形；萼片2轮，外萼片椭圆形或长圆状卵形，内萼片长圆状椭圆形；花瓣倒卵形或椭圆形，先端锐裂，基部微缩，略呈爪，具2枚分离腺体。浆果长圆形，红色，顶端无宿存花柱，不被白粉。花期5—6月，果期7—9月。

生境：生于山地灌丛、砾质地、草原化荒漠、山沟河岸或林下，海拔600～2300米。

其他用途：根入药。

根茎候见多病症，
红枝细叶唤小檗。

东亚唐松草	*Thalictrum minus* var. *hypoleucum* (Siebold & Zuccarini) Miquel	毛茛科

形态特征：植株全部无毛。茎下部叶有稍长柄或短柄，茎中部叶有短柄或近无柄，为四回三出羽状复叶；小叶较大，背面有白粉，粉绿色，脉隆起，脉网明显。叶柄基部有狭鞘。萼片4，淡黄绿色，脱落，狭椭圆形；雄蕊多数，花药狭长圆形，顶端有短尖头，花丝丝状；心皮3～5，无柄，柱头正三角状箭头形。瘦果狭椭圆球形，稍扁，有8条纵肋。花期6—7月。

生境：生于丘陵、山地林边或山谷沟边。

一片绿光映眼帘，
颗颗小果伴花香。

紫花耧斗菜	*Aquilegia viridiflora* var. *atropurpurea* (Willdenow) Finet et Gagnepain	毛茛科

形态特征：根肥大，圆柱形，简单或有少数分枝，外皮黑褐色。基生叶少数，二回三出复叶；叶片楔状倒卵形，上部三裂，表面绿色，无毛，背面淡绿色至粉绿色。茎生叶数枚，为一至二回三出复叶，向上渐变小。花 3 ～ 7 朵，倾斜或微下垂；苞片三全裂；萼片暗紫色或紫色，长椭圆状卵形；花瓣瓣片与萼片同色，直立，倒卵形；雄蕊伸出花外，花药长椭圆形，花瓣黄绿色；退化雄蕊白膜质，线状长椭圆形；心皮密被伸展的腺状柔毛，花柱比子房长或等长。种子黑色，狭倒卵形，具微凸起的纵棱。花期 5—7 月，果期 7—8 月。

生境：生山地路旁、河边和潮湿草地。

其他用途：根在河北西部民间供药用。

入门即见耧斗菜，
黄绿夹杂惹人喜。

北乌头 *Aconitum kusnezoffii* Reichenbach 毛茛科

形态特征：块根胡萝卜状或圆锥形。茎无毛，通常分枝。叶片纸质，叶柄无毛，长为叶片的 1/3 ～ 2/3。顶生总状花序约 9 ～ 22 朵花，轴、花梗及花瓣均无毛，雄蕊无毛。种子扁椭圆球形，棱沿具狭翅，一面生横膜翅。花期 7—9 月。

生境：生于山地、草坡或疏林中，海拔 1000 ～ 2400 米。

观赏价值：可作地被观绿植物，早春返青早。

其他用途：块根和叶入药。块根可作农药，防治稻螟虫、棉蚜等虫害，以及棉花立枯病、小麦杆锈病等病害。

北乌头有毒不可食，
块根胡萝卜状可入药。

牛扁	*Aconitum barbatum* var. *puberulum* Ledebour	毛茛科

形态特征：多年生草本，根近直立，圆柱形。茎和叶柄均被反曲而紧贴的短柔毛。叶片圆肾形或肾形，叶分裂程度较小，中全裂片分裂不近中脉，末回小裂片三角形或狭披针形。叶柄基部具鞘。花瓣无毛，距比唇稍短，直或稍向后弯曲；花丝全缘，无毛或有短毛。蓇葖疏被紧贴的短毛。种子倒卵球形，褐色，密生横狭翅。花期 7—8 月。

生境：生于山地草坡、多石处、林下或林缘草地、山地疏林下或较阴湿处，海拔 2700 米以下。

乌头属植物有牛扁，
见于山上海拔较高处。

翠雀 | *Delphinium grandiflorum* Linnaeus | 毛茛科

形态特征：多年生草本，无块根。茎与叶柄均生有反曲而贴伏的短柔毛。基生叶和茎下部叶有长柄；叶片呈圆五角形，三全裂，中部全裂片近菱形，一至二回三裂近中脉，小裂片线状披针形至线形。花瓣蓝色，顶端圆形；退化雄蕊蓝色，瓣片近圆形或宽倒卵形，顶端全缘或微凹，腹面中央生有黄色髯毛。种子呈倒卵状四面体形，沿棱有翅。花期 5—10 月。

生境：生于山坡、草地、丘陵沙地，海拔 500 ～ 2800 米。喜凉爽通风、日照充足的干燥环境和排水通畅的砂质壤土，忌炎热。

草坡野花如唤客，
树头春鸟自呼名。

半钟铁线莲 *Clematis sibirica* var. *ochotensis* (Pallas) S. H. Li & Y. H. Huang 毛茛科

形态特征：木质藤本。茎圆柱形，光滑无毛，幼时浅黄绿色，老后淡棕色至紫红色。三出复叶至二回三出复叶；小叶片 3 ～ 9 枚，窄卵状披针形至卵状椭圆形，顶端钝尖，基部楔形至近于圆形，常全缘，上部边缘有粗牙齿；小叶柄短。花单生于当年生枝顶，钟状；萼片 4 枚，淡蓝色，长方椭圆形至狭倒卵形，两面近于无毛，外面边缘密被白色绒毛；退化雄蕊成匙状条形，长约为萼片之半或更短，顶端圆形，外面边缘被白色绒毛，内面无毛；雌蕊短于退化雄蕊，花丝线形而中部较宽，边缘被毛，花药内向着生。瘦果倒卵形，棕红色，微被淡黄色短柔毛。花期 5—6 月，果期 7—8 月。

生境：生于山谷、林边及灌丛中，海拔 600 ～ 1200 米。

观赏价值：花大色艳，花型多变，有很好的园艺用途。

藤本株纤喜攀爬，
萼瓣多香紫素花。

短尾铁线莲	*Clematis brevicaudata* de Candolle	毛茛科

形态特征：藤本。枝有棱，小枝疏生短柔毛或近无毛。一至二回羽状复叶或二回三出复叶，有小叶片长卵形至宽卵状披针形，顶端渐尖，基部圆形、浅心形，偶而楔形，边缘疏生粗锯齿，两面近无毛或疏生短柔毛。圆锥状聚伞花序腋生或顶生；萼片 4，舒展，白色，狭倒卵形，两面均有短柔毛，内面较疏或近无毛；雄蕊无毛。瘦果卵形，密生柔毛。花期 7—9 月，果期 9—10 月。

生境：生长于沙丘、荒漠、灌丛或疏林中，海拔 3000 米以下。

野菜短尾铁线莲，
北京山中常可见。

大叶铁线莲 | *Clematis heracleifolia* de Candolle | 毛茛科

形态特征：多年生草本或半灌木。生有粗大的主根，木质化。茎粗壮，有明显纵条纹，密生白色糙绒毛。三出复叶；小叶片厚纸质或亚革质，卵圆形至近于圆形，顶端短尖基部呈圆形或楔形，边缘生有不整齐的粗锯齿，下面有曲柔毛，主脉及侧脉在下面有显著隆起。聚伞花序顶生或腋生，花梗粗壮，生有淡白色的糙绒毛；花杂性，雄花与两性花异株；花萼下半部呈管状，顶端常反卷。瘦果呈卵圆形，两面凸起，红棕色，被短柔毛。花期 8—9 月，果期 10 月。

生境：生于山坡杂草丛、山坡沟谷、林边及路旁的灌丛中，海拔 2000 米以下。

大叶铁线莲叶大，三出复叶厚纸质。

小花草玉梅	*Anemone rivularis* var. *flore-minore* Maximowicz	毛茛科

形态特征：多年生草本，植株常粗壮。根状茎木质，垂直或稍斜。基生叶 3 ～ 5，有长柄；叶片肾状五角形，三全裂，中全裂片宽菱形或菱状卵形；叶柄有白色柔毛，基部有短鞘。花葶直立；聚伞花序；苞片的深裂片通常不分裂，披针形至披针状线形；花较小；萼片 5 ～ 6，白色，狭椭圆形或倒卵状狭椭圆形，外面有疏柔毛，顶端密被短柔毛；雄蕊长约为萼片之半，花药椭圆形，花丝丝形。瘦果狭卵球形，稍扁，宿存花柱钩状弯曲。花期 5—8 月。

生境：生山地林边或草坡上，海拔 2500 米以下。

毛茛科小花草玉梅，
生于山地林边或草坡。

白头翁 | *Pulsatilla chinensis* (Bunge) Regel | 毛茛科

形态特征：多年生草本。根状茎粗。基生叶有长柄；叶片宽卵形，三全裂，中全裂片有柄或近无柄，宽卵形；叶柄有密长柔毛。花葶有柔毛；苞片3，基部合生成筒形，三深裂，深裂片线形，不分裂或上部三浅裂，背面密被长柔毛；花直立；萼片蓝紫色，长圆状卵形，背面有密柔毛；雄蕊长约为萼片之半。聚合果，瘦果纺锤形，扁，有长柔毛，宿存花柱有向上斜展的长柔毛。花期4—5月。

生境：生于平原和低山山坡草丛中、林边或干旱多石的坡地，海拔1900米以下。

其他用途：根入药。

萼片蓝紫有柔毛，
花柱柔毛似白发。

毛茛 *Ranunculus japonicus* Thunberg 毛茛科

形态特征：多年生草本。须根多数簇生。茎与叶柄均生有伸展的柔毛。基生叶和茎下部叶有长柄；叶片五角形，基部呈心形，3 深裂，中央裂片倒卵形或宽菱形，常 3 浅裂，疏生锯齿，侧生裂片不等地 2 裂；茎中部叶生有短柄，上部叶无柄，3 深裂。聚伞花序有多数花，疏散；萼片 5，船状椭圆形，外被柔毛；花瓣 5，黄色，呈倒卵形，基部生有蜜槽；雄蕊和心皮均多数。聚合果近球形；瘦果扁平。花果期 4—9 月。

生境：生于田沟旁和林缘路边的湿草地上。

花瓣黄色有蜜槽，
植株有毒不可食。

茴茴蒜	*Ranunculus chinensis* Bunge	毛茛科

形态特征：一年生草本。须根多数簇生。茎直立粗壮，中空，有纵条纹，分枝多，与叶柄均密生开展的淡黄色糙毛。基生叶与下部叶有长叶柄，叶片宽卵形至三角形，。花序有较多疏生的花，花梗贴生糙毛；萼片狭卵形，外面生柔毛；花瓣 5，宽卵圆形，与萼片近等长或稍长，黄色或上面白色；花托在果期显著伸长，圆柱形，密生白短毛。聚合果长圆形；瘦果扁平，无毛，边缘有棱，喙极短，呈点状。花果期 5—9 月。

生境：生于平原与丘陵、溪边、田旁的水湿草地，海拔 700 ～ 2500 米。

水湿草地茴茴蒜，
聚合果长圆形。

梅花草	*Parnassia palustris* Linnaeus	卫矛科

形态特征：多年生草本。根状茎短粗。叶片卵形至长卵形，先端圆钝或渐尖，上面深绿色，下面淡绿色，常被紫色长圆形斑点；叶柄两侧有窄翼，具长条形紫色斑点。萼片椭圆形或长圆形，先端钝，全缘，密被紫褐色小斑点；花瓣白色，宽卵形或倒卵形，先端圆钝或短渐尖，基部有宽而短爪，全缘。蒴果卵球形，干后有紫褐色斑点。种子多数长圆形，褐色，有光泽。花期 7—9 月，果期 10 月。

生境：生于潮湿的山坡草地中、沟边或河谷地阴湿处，海拔 2000 米以下。

花似梅花实为草，
花似梅花可观赏。

瓦松	*Orostachys fimbriata* (Turczaninow) A. Berger	景天科

形态特征：二年生草本。一年生莲座丛的叶短；莲座叶线形，先端增大，为白色软骨质，半圆形，有齿；二年生花茎一般高10～20厘米；叶互生，疏生，有刺，线形至披针形。花序总状，紧密；苞片线状渐尖；萼片5，长圆形；花瓣5，红色，披针状椭圆形，先端渐尖；雄蕊10，与花瓣同长或稍短，花药紫色；鳞片5，近四方形，先端稍凹。蓇葖5，长圆形，喙细。种子多数，卵形，细小。花期8—9月，果期9—10月。

生境：生于山坡石上或屋瓦上，海拔3500米以下。

观赏价值：夏秋二季花开，小花白色或粉红色。

其他用途：地上部入药。

一年生莲座叶线形，
二年生出总状花序。

费菜 *Phedimus aizoon* (Linnaeus) 't Hart 景天科

又名景天三七、土三七。

形态特征：多年生草本。根状茎短，直立，无毛。叶互生，狭披针形、椭圆状披针形至卵状倒披针形，先端渐尖，基部楔形，边缘有不整齐的锯齿；叶坚实，近革质。聚伞花序有多花，水平分枝，平展。花瓣 5，黄色，长圆形至椭圆状披针形，有短尖；种子椭圆形。花期 6—7 月，果期 8—9 月。

生境：生于山地阴湿石上或草丛中，海拔 2000 米以下。

叶片青青花儿黄，
屋顶绿化可以用。

乌头叶蛇葡萄	*Ampelopsis aconitifolia* Bunge	葡萄科

又名马葡萄。

形态特征：木质藤本。小枝圆柱形。叶为掌状，披针形或菱状披针形；小叶有侧脉 3 ～ 6 对，网脉不明显；叶柄无毛或被疏柔毛；托叶膜质，褐色，卵披针形。花梗几无毛；花蕾卵圆形顶端圆形；萼碟形，无毛；花瓣卵圆形；花盘发达，边缘呈波状；子房下部与花盘合生。果实近球形，有种子 2 ～ 3 颗，种子倒卵圆形，顶端圆形。花期 5—6 月，果期 8—9 月。

生境：生于沟边、山坡灌丛或草地，海拔 600 ～ 1800 米。

其他用途：多用于篱垣、林缘地带，还可用作棚架绿化。

山中乌头叶蛇葡萄，
木质藤本叶掌状。

葎叶蛇葡萄 | *Ampelopsis humulifolia* Bunge | 葡萄科

形态特征：木质藤本。小枝圆柱形，有纵棱纹，无毛。叶为单叶，稀混生不裂者，心状五角形或肾状五角形，顶端渐尖，基部心形，基缺顶端凹成圆形。花蕾卵圆形，顶端圆形；萼碟形，边缘呈波状，外面无毛；花瓣卵椭圆形，外面无毛。果实近球形。种子倒卵圆形，顶端近圆形，基部有短喙。花期5—7月，果期5—9月。

生境：生于山沟、地边、灌丛、林缘或林中，海拔1100米以下。

满山葎叶蛇葡萄，
球形果实蓝紫色。

五叶地锦	*Parthenocissus quinquefolia* (Linnaeus) Planchon	葡萄科

又名五叶爬山虎。

形态特征：木质藤本。卷须总状 5 ～ 9 分支，卷须顶端嫩时尖细卷曲，后遇到附着物扩大成吸盘。掌状复叶，5 小叶；小叶倒卵圆形、倒卵椭圆形或外侧小叶椭圆形；小叶叶缘有粗锯齿。花序假顶生形成主轴明显的圆锥状多歧聚伞花序；花萼碟形，花瓣 5，绿色，雄蕊 5，花药淡黄色。果实球形，紫黑色。花期 6—7 月，果期 8—10 月。

生境：原产于北美，常栽培于公园和社区等场地。

观赏价值：为北京深秋著名的观赏红叶，适合爬一两层楼高度的山坡和楼房等，山区和公园绿化常用。

其他用途：对二氧化硫等有抗性，可以用于工矿绿化。

二层别墅楼，绿叶来荫护，
深秋叶变红，五叶地锦名。

山葡萄	*Vitis amurensis* Ruprecht	葡萄科

又名阿穆尔葡萄。

形态特征：木质藤本。小枝圆柱形。卷须 2 或 3 分叉。叶阔卵圆形；基生脉 5 出，中脉有侧脉 5 或 6 对，上面明显或微下陷，下面突出；托叶膜质，褐色。圆锥花序与叶对生，花蕾倒卵圆形，顶端圆形；花萼碟形；花瓣呈帽状；花药黄色，卵椭圆形；花盘发达。种子倒卵圆形。花期 5—6 月，果期 7—9 月。

生境：生于山坡、沟谷林或灌丛中，海拔 2100 米以下。

其他用途：果可鲜食和酿酒。

北京多生山葡萄，
山坡沟谷灌丛中。

蒺藜	*Tribulus terrestris* Linnaeus	蒺藜科

形态特征：一年生草本。茎平卧，偶数羽状复叶。小叶对生，3～8对，矩圆形或斜短圆形，先端锐尖或钝，基部稍偏斜，被柔毛，全缘。花腋生，花梗短于叶，花黄色。果有棱5，无毛或被毛。花期5—8月，果期6—9月。

生境：生于沙地、荒地、山坡、居民区附近。

其他用途：青鲜时可作饲料，果入药。果刺易粘附家畜毛间，有损皮毛质量，为草场有害植物。

蒺藜小草开黄花，
果实有刺粘裤脚。

豆茶决明	*Senna nomame* (Makino) T. C. Chen	豆科

形态特征：一年生草本，稍有毛，分枝或不分枝。小叶 8 ～ 28 对，在叶柄的上端有黑褐色、盘状、无柄腺体 1 枚；小叶带状披针形，稍不对称。花生于叶腋，有柄，单生或 2 至数朵组成短的总状花序；萼片分离，外面疏被柔毛；花瓣为黄色；子房密被短柔毛。荚果扁平，有毛，开裂，有种子 6 ～ 12 粒。种子扁，近菱形，平滑。花果期 8—11 月。

生境：生于山坡和原野的草丛中。

豆茶决明一年生，
花瓣黄色荚果扁。

胡枝子 *Lespedeza bicolor* Turczaninow 豆科

形态特征：直立灌木，多分枝，小枝黄色或暗褐色，有条棱，被疏短毛。羽状复叶，线状披针形，小叶质薄，卵形、倒卵形或卵状长圆形。总状花序腋生，常为圆锥花序，花冠红紫色，旗瓣倒卵形，先端微凹，翼瓣较短，基部具较长的瓣柄。荚果斜倒卵形，稍扁。花期 7—9 月，果期 9—10 月。

生境：生于山坡、林缘、路旁、灌丛及杂木林间，海拔 1000 米以下。

其他用途：种子油可作机器润滑油；枝可编筐。性耐旱，是防风、固沙及水土保持植物，为营造防护林及混交林的伴生树种。

北京低山胡枝子，
防风固沙保水土。

多花胡枝子　*Lespedeza floribunda* Bunge　豆科

形状特征：小灌木，茎常近基部分枝；枝有条棱，被灰白色绒毛。托叶线形，先端刺芒状；羽状复叶具3小叶；小叶具柄，倒卵形，宽倒卵形或长圆形；侧生小叶较小。总状花序腋生；总花梗细长，显著超出叶；小苞片卵形，先端急尖；花萼上部分离，裂片披针形或卵状披针形；花冠紫色、紫红色或蓝紫色，旗瓣椭圆形，先端圆形，基部有柄，钝头。荚果宽卵形，超出宿存萼，密被柔毛，有网状脉。花期6—9月，果期9—10月。

生境：生于石质山坡，海拔1300米以下。

小灌木多花胡枝子，
托叶线形先端刺芒状。

少花米口袋	*Gueldenstaedtia verna* (Georgi) Borissova	豆科

形态特征：多年生草本，主根圆锥形。托叶宿存；复叶互生；具小叶 7 ～ 21 片，小叶片椭圆形到长圆形。伞形花序具花 2 ～ 6 朵；苞片三角状线性；花萼钟状；花冠紫堇色，分为旗瓣、翼瓣和龙骨瓣；子房椭圆形。荚果圆筒状，成熟时毛稀疏，开裂。种子圆肾形，具有大米的色泽，故称米口袋。花期 5 月，果期 6—7 月。

生境：生于山坡、路边、田边等，海拔 1300m 以下。

清明踏春节，紫堇色小花，
夏来结果实，种子大米色。

地角儿苗 *Oxytropis bicolor* Bunge 豆科

形态特征：多年生草本，外倾，植株各部密被开展白色绢状长柔毛，淡灰色。主根发达，直伸，暗褐色。小叶对生或4片轮生，线形、线状披针形、披针形，先端急尖，基部圆形，边缘常反卷，两面密被绢状长柔毛，上面毛较疏。荚果近革质，稍坚硬，卵状长圆形，腹背稍扁，先端具长喙，腹缝、背缝均有沟槽，密被长柔毛。种子宽肾形，长约2毫米，暗褐色。花果期4—9月。

生境：生于山坡、砂地、路旁及荒地上，海拔2500米以下。

其他用途：在冬季和春季，牛羊采食其残株。

植株各部长柔毛，
荚果革质具长喙。

野大豆	*Glycine soja* Siebold et Zuccarini	豆科

形态特征：一年生缠绕草本。茎、小枝纤细。总状花序通常短，花梗密生黄色长硬毛，苞片披针形，花柱短而向一侧弯曲。荚果长圆形，稍弯，两侧稍扁，干时易裂；种子椭圆形，稍扁。花期 7—8 月，果期 8—10 月。

生境：生于潮湿的田边、园边、沟旁、草甸的矮灌木丛或芦苇丛中。

观赏价值：该种不仅花型具有观赏价值，还具有耐修剪的特点，既适于花坛种植，也可以盆栽美化室内外环境。

其他用途：全株为家畜喜食的饲料，可栽作牧草、绿肥和水土保持植物。

野大豆是保护植物，是大豆的资源植物。

刺槐	*Robinia pseudoacacia* Linnaeus	豆科

形态特征：落叶乔木；树皮灰褐色至黑褐色，浅裂至深纵裂，稀光滑。小枝灰褐色。小叶 2 ～ 12 对，常对生，椭圆形、长椭圆形或卵形；小托叶针芒状，总状花序花序腋生，下垂，花多数芳香；苞片早落；花萼斜钟状；花冠白色，各瓣均具瓣柄，旗瓣近圆形；雄蕊二体，对旗瓣的 1 枚分离；子房线形，无毛，花柱钻形。荚果褐色，或具红褐色斑纹，线状长圆形；花萼宿存，有种子 2 ～ 15 颗；种子褐色至黑褐色，微具光泽，有时具斑纹，近肾形，种脐圆形，偏于一端。花期 4—6 月，果期 8—9 月。

生境：各地广泛栽植。

其他用途：材质宜作枕木、车辆、建筑、矿柱等多种用材。

四月青黄地间忙，
刺槐沿路布馨香。

广布野豌豆	*Vicia cracca* Linnaeus	豆科

形态特征：多年生草本。根细长，多分支。茎攀援或蔓生，有棱，被柔毛。偶数羽状复叶；托叶半箭头形或戟形；小叶 5 ～ 12 对，互生，线形、长圆或披针状线形，叶脉稀疏。花萼钟状；花冠紫色、蓝紫色或紫红色；子房有柄。荚果长圆形或长圆菱形。种子扁圆球形，种皮黑褐色。花果期 5—9 月。

生境：广布于草甸、林缘、山坡、河滩草地及灌丛。

其他用途：嫩时为牛羊等牲畜喜食饲料，花期早春为蜜源植物。

山中广布野豌豆，
茎有棱攀援或蔓生。

歪头菜	*Vicia unijuga* A. Braun	豆科

形态特征：多年生草本。根茎粗壮，表皮黑褐色。通常数茎丛生，茎基部表皮红褐色或紫褐红色。叶轴末端为细刺尖头；小叶 1 对，卵状披针形或近菱形。花萼紫色，斜钟状或钟状；花冠蓝紫色、紫红色或淡蓝色。荚果扁、长圆形，表皮棕黄色。种子扁圆球形，种皮黑褐色，革质。花期 6—7 月，果期 8—9 月。

生境：生于低海拔至 4000 米山地、林缘、草地、沟边及灌丛。

其他用途：嫩时可作为蔬菜。

小叶两片成一对，
嫩时可以作野菜。

大叶野豌豆 | *Vicia pseudo-orobus* Fischer et C. A. Meyer | 豆科

形态特征：多年生草本。根茎粗壮、木质化，须根发达，表皮黑褐色或黄褐色。叶卵形、椭圆形或长圆披针形。花多紫色或蓝紫色，翼瓣、龙骨瓣与旗瓣近等长。荚果长圆形，扁平，棕黄色。种子扁圆形，棕黄色、棕红褐色至褐黄色。花期 6—9 月，果期 8—10 月。

生境：生于海拔 800 ～ 2000 米的山地、灌丛或林中。

其他用途：本种抗寒力强，种子萌发力高，生长良好，牲畜喜食，蛋白质等营养成分高。

豆科大叶野豌豆，
生于山地灌丛或林中。

西伯利亚远志	*Polygala sibirica* Linnaeus	远志科

形态特征：多年生草本，根直立或斜生，木质。茎丛生，通常直立，被短柔毛。叶互生，叶片纸质至亚革质，全缘，略反卷，绿色，两面被短柔毛，主脉上面凹陷，背面隆起，侧脉不明显，具短柄。总状花序腋外生或假顶生，通常高出茎顶；花瓣蓝紫色，侧瓣倒卵形。种子长圆形，扁，黑色，密被白色柔毛，具白色种阜。花期 4—7 月，果期 5—8 月。

生境：生于砂质土、石砾和石灰岩山地灌丛、林缘或草地，海拔 1000 ～ 3300 米。

其他用途：根入药。

蓝紫花瓣开满地，
玲珑小草满山中。

牛叠肚	*Rubus crataegifolius* Bunge	蔷薇科

形态特征：直立灌木，枝具沟棱，幼时被细柔毛，老时无毛，有微弯皮刺。单叶，卵形至长卵形。花数朵簇生或成短总状花序，常顶生；花瓣椭圆形或长圆形，白色。果实近球形，暗红色，无毛，有光泽；核具皱纹。花期 5—6 月，果期 7—9 月。

生境：生于向阳山坡灌木丛中或林缘，常在山沟、路边成群生长，海拔 2500 米以下。

其他用途：果酸甜，可生食，制果酱或酿酒。

山楂叶悬钩子，
酸甜可口人人爱。

龙牙草	*Agrimonia pilosa* Ledebour	蔷薇科

又名老鹤嘴。

形态特征：草本。根多呈块茎状，根茎短。通常有小叶 3 或 4 对；小叶片无柄或有短柄，倒卵形。花序穗状总状，顶生；苞片深 3 裂，卵形；花瓣黄色，长圆形。果实倒卵圆锥形。花果期 5—12 月。

生境：生于溪边、路旁、草地、灌丛、林缘及疏林下，海拔 100 ～ 3800 米。

其他用途：地上部入药。全株可提制栲胶；也可作农药。

龙牙草又叫仙鹤草，
花瓣黄色很好看。

美蔷薇 *Rosa bella* Rehder et E. H. Wilson 蔷薇科

形态特征：灌木，小枝圆柱形，细弱，散生直立的基部稍膨大的皮刺，老枝常密被针刺。小叶片椭圆形、卵形或长圆形；花单生，或 2 ～ 3 朵集生；果椭圆状卵球形，猩红色。花期 5—7 月，果期 8—10 月。

生境：多生灌丛中、山脚下或河沟旁等处，海拔可达 1700 米。

观赏价值：美蔷薇花繁叶茂、鲜艳夺目、芳香清幽，可用作垂直绿化、布置花墙等。

其他用途：花可提取芳香油并制玫瑰酱。

浑身是刺美蔷薇，
果实软软味道美。

委陵菜 *Potentilla chinensis* Seringe 蔷薇科

形态特征：多年生草本。根粗壮，圆柱形，稍木质化。花茎直立或上升。基生叶为羽状复叶，有小叶 5 ～ 15 对，长圆形、倒卵形或长圆披针形；基生叶托叶近膜质，褐色。伞房状聚伞花序；萼片三角卵形，顶端急尖；花瓣黄色，宽倒卵形。瘦果卵球形，深褐色，有明显皱纹。花果期 4—10 月。

生境：生于山坡草地、沟谷、林缘、灌丛或疏林下，海拔 400 ～ 3200 米。

其他用途：根含鞣质，可提制栲胶；全草入药，清热解毒、凉血止痢；嫩苗可食并可作猪饲料。

小小黄花委陵菜，
羽状复叶来互生。

蛇莓	*Duchesnea indica* (Andrews) Focke	蔷薇科

形态特征：多年生草本；根茎短，粗壮。小叶片倒卵形至菱状长圆形；托叶窄卵形至宽披针形。花单生于叶腋；花梗有柔毛；萼片卵形；花瓣倒卵形，黄色。瘦果卵形，鲜时有光泽。花期 6—8 月，果期 8—10 月。

生境：生于山坡、河岸、草地或潮湿的地方，海拔 1800 米以下。

其他用途：全草水浸液可防治农业害虫，如蛆、孑孓等。

北京到处有蛇莓，
花黄聚合果红色有光泽。

桃	*Amygdalus persica* Linnaeus	蔷薇科

形态特征：乔木；树冠宽广而平展；树皮暗红褐色。叶片长圆披针形、椭圆披针形；叶柄粗壮。花单生，先于叶开放；花梗极短；萼片卵形至长圆形；花瓣长圆状椭圆形至宽倒卵形，粉红色。果实形状和大小均有变异，卵形、宽椭圆形或扁圆形；果肉多汁有香味，甜或酸甜；核大，椭圆形或近圆形；种仁味苦，稀味甜。花期 3—4 月，果实成熟期通常为 8—9 月。

生境：广泛栽培。

其他用途：桃树干上分泌的胶质，可用作粘接剂等，水解能生成阿拉伯糖、半乳糖、木糖、鼠李糖、葡糖醛酸等，可食用。

桃花仙人种桃树，
又摘桃花换酒钱。

碧桃　*Amygdalus persica* 'duplex' Rehder　蔷薇科

形态特征：乔木；树冠宽广而平展；树皮暗红褐色；小枝细长，无毛，有光泽，绿色。叶片长圆披针形、椭圆披针形或倒卵状披针形；叶柄粗壮。花单生，先于叶开放；花梗极短或几无梗；萼筒钟形；萼片卵形至长圆形；花瓣长圆状椭圆形至宽倒卵形，粉红色，罕为白色；雄蕊 20 ～ 30，花药绯红色；花柱几与雄蕊等长或稍短；子房被短柔毛。果实卵形、宽椭圆形或扁圆形；果肉多汁有香味，甜或酸甜；核大，椭圆形或近圆形。花期 3—4 月，果实成熟期通常为 8—9 月。

生境：各地均有栽植。

天上栽和露，
不是凡花数。

山杏	*Armeniaca sibirica* (Linnaeus) Lamarck	蔷薇科

形态特征：灌木或小乔木；树皮暗灰色；小枝无毛，稀幼时疏生短柔毛，灰褐色或淡红褐色。叶片卵形或近圆形，叶边有细钝锯齿，两面无毛；叶柄无毛，有或无小腺体。花单生，先于叶开放；花萼紫红色；花瓣近圆形或倒卵形，白色或粉红色。果实扁球形，黄色或橘红色，有时具红晕，被短柔毛；果肉较薄而干燥，成熟时开裂，味酸涩不可食，成熟时沿腹缝线开裂；种仁味苦。花期3—4月，果期6—7月。

生境：生于干燥向阳山坡上、丘陵草原或与落叶乔灌木混生。

山杏野桃繁似锦，
行人不醉为谁开。

土庄绣线菊 *Spiraea pubescens* Turczaninow 蔷薇科

形态特征：灌木。叶片菱状卵形至椭圆形，先端急尖，基部宽楔形，边缘自中部以上有深刻锯齿，上面有稀疏柔毛，下面被灰色短柔毛；叶柄被短柔毛。伞形花序具总梗，有花 15 ～ 20 朵；花梗无毛；苞片线形，被短柔毛；萼筒钟状，外面无毛，内面有灰白色短柔毛；萼片卵状三角形，先端急尖，内面疏生短柔毛；花瓣卵形、宽倒卵形或近圆形，先端圆钝或微凹，白色；雄蕊 25 ～ 30，约与花瓣等长；花盘圆环形，具 10 个裂片，裂片先端稍凹陷；花柱短于雄蕊。蓇葖果。花期 5—6 月，果期 7—8 月。

生境：生于干燥坡地杂木林内，海拔 2500 米以下。

其他用途：园林植物。

散装花序单总梗，
花艳茂盛覆全枝。

三裂绣线菊 *Spiraea trilobata* Linnaeus 蔷薇科

形态特征：灌木；小枝细瘦；冬芽小，宽卵形。叶片近圆形，边缘自中部以上有少数圆钝锯齿，两面无毛，下面色较浅，基部具显著 3 ～ 5 脉。伞形花序具总梗，无毛，有花 15 ～ 30 朵；花梗无毛；苞片线形或倒披针形，上部深裂成细裂片；萼筒钟状，外面无毛，内面有灰白色短柔毛；萼片三角形，内面具稀疏短柔毛；花瓣宽倒卵形，先端常微凹，白色；雄蕊比花瓣短；花盘约有 10 个大小不等的裂片，排列成圆环形；子房被短柔毛，花柱比雄蕊短。蓇葖果开张。花期 5—6 月，果期 7—8 月。

生境：多生于岩石向阳坡地或灌木丛中。

其他用途：在庭园栽培供观赏。

篱下工夫可绚烂，
条条缩缀白花心。

山楂 *Crataegus pinnatifida* Bunge 蔷薇科

形态特征：落叶乔木。树皮粗糙，暗灰色或灰褐色。叶片宽卵形或三角状卵形，稀菱状卵形，先端短渐尖，基部截形至宽楔形，通常两侧各有 3 ～ 5 羽状深裂片，裂片卵状披针形或带形，先端短渐尖，上面暗绿色有光泽，下面沿叶脉有疏生短柔毛或在脉腋有髯毛，侧脉 6 ～ 10 对；叶柄无毛；托叶草质，镰形，边缘有锯齿。伞房花序具多花，总花梗和花梗均被柔毛；苞片膜质，线状披针形；萼筒钟状，外面密被灰白色柔毛；萼片三角卵形至披针形；花瓣倒卵形或近圆形，白色；雄蕊 20，短于花瓣，花药粉红色；花柱 3 ～ 5，基部被柔毛，柱头头状。果实近球形或梨形，深红色，有浅色斑点。花期 5—6 月，果期 9—10 月。

生境：生于山坡林边或灌木丛中，海拔 1500 米以下。

其他用途：叶、果入药。

枝屈狰狞伴日斜，迎风昂首朴无华。
从容岁月带微笑，淡泊人生酸果花。

山荆子　*Malus baccata* (Linnaeus) Borkhausen　蔷薇科

又名山定子。

形态特征：乔木，树冠广圆形，老枝暗褐色。叶片椭圆形或卵形，边缘有细锐锯齿。伞形花序，花 4 ～ 6 朵，集生在小枝顶端；花梗细长，花瓣倒卵形，白色。果实近球形，红色或黄色。花期 4—6 月，果期 9—10 月。

生境：生于山坡杂木林中及山谷阴处灌木丛中，海拔 50 ～ 1500 米。

观赏价值：早春开放白色花朵，秋季结成红黄色小球形果实，经久不落，很美丽，可作为庭园观赏树种。

其他用途：可作为培育耐寒苹果品种的原始材料。

白花满树迎春开，
山荆子嫁接苹果树。

白梨	*Pyrus bretschneideri* Rehder	蔷薇科

又名白挂梨、罐梨。

形态特征：乔木，树冠开展；小枝粗壮，圆柱形，微屈曲，二年生枝紫褐色，具稀疏皮孔；冬芽卵形，先端圆钝或急尖，鳞片边缘及先端有柔毛，暗紫色。叶片卵形或椭圆卵形。伞形总状花序，花 7 ～ 10 朵，花瓣卵形，先端常呈啮齿状，基部有短爪。果实卵形或近球形；种子倒卵形，微扁，褐色。花期 4 月，果期 8—9 月。

生境：适宜生长在干旱寒冷地区或山坡向阳处，海拔 100 ～ 2000 米。

其他用途：梨果可制成梨膏，有清火润肺的功效。木材质优，是雕刻、家具及装饰良材。

桂密岩花白，
梨疏林叶红。
——王勃

水榆花楸 *Sorbus alnifolia* (Siebold et Zuccarini) K. Koch 蔷薇科

形态特征：乔木；小枝圆柱形，具灰白色皮孔，幼时微具柔毛，二年生枝暗红褐色，老枝暗灰褐色，无毛；冬芽卵形，先端急尖，外具数枚暗红褐色无毛鳞片。叶片卵形至椭圆卵形；叶柄无毛或微具稀疏柔毛。复伞房花序较疏松，具花 6 ～ 25 朵，总花梗和花梗具稀疏柔毛；萼筒钟状，外面无毛，内面近无毛；萼片三角形；花瓣卵形或近圆形，白色；雄蕊 20，短于花瓣；花柱 2，光滑无毛，短于雄蕊。果实椭圆形或卵形，红色或黄色，萼片脱落后果实先端残留圆斑。花期 5 月，果期 8—9 月。

生境：生于山坡、山沟或山顶混交林或灌木丛中。

其他用途：木材用作器具、车辆及模型原料，树皮可作染料，纤维作造纸原料。

听闻美似画中诗，
轻吟叹水榆花楸。

酸枣 *Ziziphus jujuba* var. *spinosa* (Bunge) Hu ex H. F. Chow 鼠李科

又名棘、角针。

形态特征：灌木，树皮褐色或灰褐色；有长枝，短枝和无芽小枝，2 个托叶刺，长刺可达 3 厘米，粗直，短刺下弯。叶纸质，卵形，卵状椭圆形，顶端钝或圆形，稀锐尖，具小尖头，基生三出脉，叶较小。花黄绿色，两性，5 基数，无毛，具短总花梗，单生或 2 ～ 8 个密集成腋生聚伞花序；萼片卵状三角形；花瓣倒卵圆形，基部有爪，与雄蕊等长；花盘厚，肉质，圆形，5 裂；子房下部藏于花盘内，与花盘合生，2 室，花柱 2 半裂。核果小，近球形或短矩圆形，具薄的中果皮，味酸，核两端钝。种子扁椭圆形。花期 6—7 月，果期 8—9 月。

生境：常生于向阳、干燥的山坡、丘陵、岗地或平原。

其他用途：种子入药。

鼠李科酸枣又叫棘，
核果小近圆形。

鼠李 *Rhamnus davurica* Pallas 鼠李科

形态特征：灌木或小乔木；幼枝无毛，褐色或红褐色，稍平滑，枝顶端常有大的芽而不形成刺，或有时仅分叉处具短针刺；顶芽及腋芽较大，卵圆形，鳞片淡褐色，有明显的白色缘毛。叶纸质，对生或近对生，宽椭圆形或卵圆形；叶柄无毛或上面有疏柔毛。花单性，雌雄异株，4 基数，有花瓣，雌花 1 ～ 3 个生于叶腋或数个至 20 余个簇生于短枝端，有退化雄蕊，花柱 2 ～ 3 浅裂或半裂。核果球形，黑色，基部有宿存的萼筒；种子卵圆形，黄褐色。花期 5—6 月，果期 7—10 月。

生境：生于山坡林下、灌丛或林缘和沟边阴湿处。

其他用途：种子榨油作润滑油。

情催鼠李艳，
心寄管弦飞。

小叶鼠李 *Rhamnus parvifolia* Bunge 鼠李科

形态特征：灌木；小枝对生或近对生，紫褐色，初时被短柔毛，后变无毛，平滑，稍有光泽，枝端及分叉处有针刺；芽卵形，长达 2 毫米，鳞片数个，黄褐色。叶纸质，菱状倒卵形或菱状椭圆形，稀倒卵状圆形或近圆形，边缘具圆齿状细锯齿，上面深绿色，下面浅绿色；叶柄上面沟内有细柔毛；托叶钻状，有微毛。花单性，雌雄异株，黄绿色，4 基数，有花瓣，通常数个簇生于短枝上；花梗无毛；雌花花柱 2 半裂。核果倒卵状球形，成熟时黑色，具 2 分核；种子矩圆状倒卵圆形，褐色。花期 4—5 月，果期 6—9 月。

生境：生于向阳山坡、草丛或灌丛中。

山中现鼠李，
其为小叶种。

锐齿鼠李	*Rhamnus arguta* Maximowicz	鼠李科

又名牛李子、照家茶。

形态特征：灌木或小乔木，树皮灰褐色；小枝常对生或近对生，暗紫色或紫红色，枝端有时具针刺。叶薄纸质或纸质，卵状心形或卵圆形，稀近圆形或椭圆形，带红色或红紫色。子房球形。核果球形或倒卵状球形，成熟时黑色。种子卵圆形，淡褐色。花期 5—6 月，果期 6—9 月。

生境：生于山坡灌丛中，海拔 2000 米以下。

其他用途：种子榨油，可作润滑油；茎叶及种子熬成液汁可作杀虫剂。

锐齿鼠李灌丛中，
枝端有时具针刺。

榆树	*Ulmus pumila* Linnaeus	榆科

形态特征：落叶乔木，高达 25 米，胸径 1 米，在干瘠之地长成灌木状；幼树树皮平滑，灰褐色或浅灰色，大树之皮暗灰色，不规则深纵裂，粗糙；小枝无毛或有毛，淡黄灰色、淡褐灰色或灰色，稀淡褐黄色或黄色，有散生皮孔，无膨大的木栓层及凸起的木栓翅；冬芽近球形或卵圆形，芽鳞背面无毛，内层芽鳞的边缘具白色长柔毛。叶椭圆状卵形、长卵形、椭圆状披针形或卵状披针形，长 2 ～ 8 厘米，宽 1.2 ～ 3.5 厘米，先端渐尖或长渐尖，基部偏斜或近对称，一侧楔形至圆，另一侧圆至半心脏形，叶面平滑无毛，叶背幼时有短柔毛，后变无毛或部分脉腋有簇生毛，边缘具重锯齿或单锯齿，侧脉每边 9 ～ 16 条，叶柄长 4 ～ 10 毫米，通常仅上面有短柔毛。花先叶开放，在生枝的叶腋成簇生状。

生境：生于海拔 1000 ～ 2500 米以下之山坡、山谷、川地、丘陵及沙岗等处。

其他用途：供家具、车辆、农具、器具、桥梁、建筑等用。

京榆很常见，
榆钱作野菜。

大果榆 | *Ulmus macrocarpa* Hance | 榆科

形态特征：落叶乔木或灌木；树皮暗灰色或灰黑色，纵裂，粗糙，小枝有时（尤以萌发枝及幼树的小枝）两侧具对生而扁平的木栓翅，间或上下亦有微凸起的木栓翅，稀在较老的小枝上有 4 条几乎等宽而扁平的木栓翅；幼枝有疏毛，一二年生枝淡褐黄色或淡黄褐色，稀淡红褐色，无毛或一年生枝有疏毛，具散生皮孔；冬芽卵圆形或近球形，芽鳞背面多少被短毛或无毛，边缘有毛。叶宽倒卵形、倒卵状圆形、倒卵状菱形或倒卵形，稀椭圆形。翅果宽倒卵状圆形、近圆形或宽椭圆形。花果期 4—5 月。

生境：生于山坡、谷地、台地、黄土丘陵、固定沙丘及岩缝中。

其他用途：可供车辆、农具、家具、器具等用材。

飞花两岸照船红，
百里榆堤半日风。

黑弹树　*Celtis bungeana* Blume　榆科

形态特诊：落叶乔木，树皮灰色或暗灰色；当年生小枝淡棕色，老后色较深，无毛；冬芽棕色或暗棕色，鳞片无毛。叶厚纸质，狭卵形、长圆形、卵状椭圆形至卵形；叶柄淡黄色上面有沟槽，幼时槽中有短毛，老后脱净；萌发枝上的叶形变异较大，先端可具尾尖且有糙毛。果单生叶腋（在极少情况下，一总梗上可具 2 果），果柄较细软，无毛，果成熟时兰黑色，近球形；核近球形，肋不明显，表面极大部分近平滑或略具网孔状凹陷。花期 4—5 月，果期 10—11 月。

生境：多生于路旁、山坡、灌丛或林边。

昔名小叶朴，
冠如华盖伞。

蒙桑	*Morus mongolica* (Bureau) C. K. Schneider	桑科

形态特征：小乔木或灌木，树皮灰褐色，纵裂；小枝暗红色，老枝灰黑色；冬芽卵圆形，灰褐色。叶长椭圆状卵形，边缘具三角形单锯齿，两面无毛。雄花花被暗黄色，外面及边缘被长柔毛，花药2室，纵裂；雌花序短圆柱状，总花梗纤细。雌花花被片外面上部疏被柔毛，或近无毛；花柱长，柱头2裂，内面密生乳头状突起。聚花果成熟时红色至紫黑色。花期3—4月，果期4—5月。

生境：生于山地或林中。

绿桑高下映平川，
赛罢田神笑语喧。

透茎冷水花	*Pilea pumila* (Linnaeus) A. Gray	荨麻科

形态特征：一年生草本。茎肉质，直立，无毛，分枝或不分枝。叶近膜质，菱状卵形或宽卵形，先端渐尖、短渐尖、锐尖或微钝（尤在下部的叶），基部常宽楔形；托叶卵状长圆形。花雌雄同株并常同序，雄花常生于花序的下部，花序蝎尾状，密集，生于几乎每个叶腋，雌花枝在果时增长。退化雄蕊在果时增大，椭圆状长圆形，长及花被片的一半。瘦果三角状卵形，扁，常有褐色或深棕色斑点，熟时色斑多少隆起。花期 6—8 月，果期 8—10 月。

生境：生于山地石边、沟边、山区半阴坡峭壁或石缝中、平原土坎、墙壁沟边湿润地方，海拔 1500 米以下。

花茎略透明，
常生潮湿地。

宽叶荨麻 *Urtica laetevirens* Maximowicz 荨麻科

又名蝎子草。

形态特征：多年生草本，根状茎匍匐。茎纤细，节间常较长，四棱形，近无刺毛或有稀疏的刺毛和疏生细糙毛，在节上密生细糙毛。叶常近膜质，卵形或披针形，向上的常渐变狭，先端短渐尖至尾状渐尖，基部圆形或宽楔形。雌雄同株，雄花序近穗状，纤细；雌花序近穗状，较短，纤细。瘦果卵形，双凸透镜状，熟时变灰褐色；宿存花被片 4，在基部合生，外面疏生微糙毛。花期 6—8 月，果期 8—9 月。

生境：生于山地林下、沟边、山谷溪等阴湿地，海拔 3500 米以下。

宽叶荨麻生湿地，
全草入药可消食。

蒙古栎 *Quercus mongolica* Fischer ex Ledebour 壳斗科

形态特征：落叶乔木，树皮灰褐色，纵裂。幼枝紫褐色，有棱，无毛。顶芽长卵形，微有棱，芽鳞紫褐色，有缘毛。叶片倒卵形至长倒卵形。雄花序生于新枝下部，花序轴近无毛；花被 6 ～ 8 裂；雌花序生于新枝上端叶腋，有花 4 ～ 5 朵，通常只 1 ～ 2 朵发育，花被 6 裂，花柱短，柱头 3 裂。壳斗杯形，包着坚果 1/3 ～ 1/2，壳斗外壁小苞片三角状卵形，呈半球形瘤状突起，密被灰白色短绒毛，伸出口部边缘呈流苏状。坚果卵形至长卵形，无毛，果脐微突起。花期 4—5 月，果期 9 月。

生境：常在阳坡、半阳坡形成小片纯林或与桦树等组成混交林。

其他用途：种子可酿酒或作饲料。

今朝栎林下，
取醉村市酒。

胡桃楸 *Juglans mandshurica* Maximowicz 胡桃科

形态特征：乔木；树皮为灰黑色，为浅纵裂；枝条扩展且树冠扁圆，幼枝被有短绒毛。奇数羽状复叶；小叶 9 ～ 17 枚，椭圆形至长椭圆形；雄花具短花柄；雄蕊 12 枚，花药黄色，药隔急尖或微凹，被灰黑色细柔毛。雌性穗状花序轴被有茸毛。雌花被有茸毛，下端被腺质柔毛，花被片披针形或线状披针形，被柔毛，柱头鲜红色，背面被贴伏的柔毛。果实，椭圆状、卵状、球状，有果核，表面具两条显著纵裂，内果皮壁内具多数不规则空隙。花期 5 月，果期 8—9 月。

生境：生于土质肥厚、湿润、排水良好的沟谷两旁或山坡的阔叶林中。

其他用途：植苗和直播造林均可，种子发芽率高。

参天大树结青果，
胡桃楸上嫁接核桃。

白桦	*Betula platyphylla* Sukaczev	桦木科

形态特征：乔木；树皮灰白色，成层剥裂；枝条暗灰色或暗褐色，无毛。叶厚纸质，三角状卵形，三角状菱形；叶柄细瘦，无毛。果序单生，圆柱形或矩圆状圆柱形，通常下垂；序梗细瘦，密被短柔毛，成熟后近无毛；果苞背面密被短柔毛至成熟时毛渐脱落，边缘具短纤毛。小坚果狭矩圆形、矩圆形或卵形，背面疏被短柔毛，膜质翅较果长 1/3，较少与之等长，与果等宽或较果稍宽。

生境：生于山坡或林中，适应性大，分布甚广，尤喜湿润土壤。

其他用途：木材可供一般建筑及制作器具之用，树皮可提桦油。

小院檀槽闹，
空庭桦独烟。

榛	*Corylus heterophylla* Fischer ex Trautvetter	桦木科

形态特征：灌木或小乔木；树皮灰色；枝条暗灰色，无毛，小枝黄褐色。叶为矩圆形或宽倒卵形，顶端凹缺或截形，中央具三角状突尖，基部心形，有时两侧不相等，边缘具不规则的重锯齿，中部以上具浅裂，上面无毛，下面于幼时疏被短柔毛，以后仅沿脉疏被短柔毛，其余无毛，侧脉3～5对；叶柄纤细，疏被短毛或近无毛。雄花序单生。果单生或2～6枚簇生成头状；果苞钟状，外面具细条棱，密被短柔毛兼有疏生的长柔毛；序梗密被短柔毛。坚果近球形，无毛或仅顶端疏被长柔毛。

生境：生于山地阴坡灌丛中。

其他用途：种子可食，并可榨油。

试携子侄辈，
披榛步荒墟。

南蛇藤	*Celastrus orbiculatus* Thunberg	卫矛科

形态特征：小枝光滑无毛，灰棕色或棕褐色，具稀而不明显的皮孔。叶通常阔倒卵形，近圆形或长方椭圆形，先端圆阔，具有小尖头或短渐尖，基部阔楔形到近钝圆形，边缘具锯齿，两面光滑无毛或叶背脉上具稀疏短柔毛。花瓣倒卵椭圆形或长方形。蒴果近球状。种子椭圆状稍扁，赤褐色。花期5—6月，果期7—10月。

生境：生于山坡灌丛。

其他用途：姿态优美，具有较高的观赏价值，是城市垂直绿化的优良树种。

北京山坡南蛇藤，
可作棚架遮阴凉。

卫矛	*Euonymus alatus* (Thunberg) Siebold	卫矛科

形态特征：灌木；小枝常具 2 ～ 4 列宽阔木栓翅；冬芽圆形，芽鳞边缘具不整齐细坚齿。叶卵状椭圆形、窄长椭圆形，偶为倒卵形，边缘具细锯齿，两面光滑无毛。聚伞花序 1 ～ 3 花；花白绿色；萼片半圆形；花瓣近圆形；雄蕊着生花盘边缘处，花丝极短，开花后稍增长，花药宽阔长方形，2 室顶裂。蒴果 1 ～ 4 深裂，裂瓣椭圆状；种子椭圆状或阔椭圆状，种皮褐色或浅棕色，假种皮橙红色，全包种子。花期 5—6 月，果期 7—10 月。

生境：生长于山坡、沟地边沿

一夜秋霜染卫矛，
晚霞红透半山腰。

酢浆草	*Oxalis corniculata* Linnaeus	酢浆草科

形态特征：草本，全株被柔毛，根茎稍肥厚。托叶小，长圆形或卵形，边缘被密长柔毛，基部与叶柄合生；花单生或数朵集为伞形花序状，腋生，总花梗淡红色，与叶近等长。蒴果长圆柱形。种子长卵形，褐色或红棕色。花果期4—9月。

生境：生于山坡草池、河谷沿岸、路边、田边、荒地或林下阴湿处等。

其他用途：茎叶含草酸，可用以擦镜或擦铜器，使其具光泽。

酢浆草又称三叶草，
小小黄花开满地。

早开堇菜	*Viola prionantha* Bunge	堇菜科

形态特征：多年生草本，根粗壮，带灰白色；地下茎短。叶基生，叶片披针形或卵状披针形，长 3 ～ 5 厘米，顶端钝圆，基部截形或有时近心形，稍下延，边缘有细圆齿；托叶边缘白色。花大，两侧对称，连距长 1.5 ～ 2 厘米；萼片 5 片，披针形或卵状披针形，基部附器稍长；子房无毛。花果期 4 月中下旬至 9 月。

生境：常生于坡地。

其他用途：可作早春观赏花卉。

早春紫花开满地，
花瓣延伸成为距。

鸡腿堇菜 *Viola acuminata* Ledebour 堇菜科

形态特征：多年生草本，通常无基生叶。根状茎较粗，垂直或倾斜，密生多条淡褐色根。花淡紫色或近白色，具长梗；花梗细，被细柔毛；子房圆锥状，无毛，花柱基部微向前膝曲，向上渐增粗，顶部具数列明显的乳头状凸起，先端具短喙，具较大的柱头孔。蒴果椭圆形，无毛，通常有黄褐色腺点。花果期5—9月。

生境：生于杂木林林下、林缘、灌丛、山坡草地或溪谷湿地等处。

鸡腿堇菜杂木林，
嫩叶可以作野菜。

紫花地丁	*Viola philippica* Cavanilles	堇菜科

形态特征：多年生草本，属侧膜胎座目，堇菜科多年生草本，无地上茎，高 4 ～ 14cm，叶片下部呈三角状卵形或狭卵形，上部者较长，呈长圆形、狭卵状披针形或长圆状卵形，花中等大，紫堇色或淡紫色，稀呈白色，喉部色较淡并带有紫色条纹；蒴果长圆形，长 5 ～ 12mm，种子卵球形，长 1.8mm，淡黄色。花果期 4 月中下旬至 9 月。

生境：生于田间、荒地、山坡草丛、林缘或灌丛中。

其他用途：全草入药。

紫花地丁多年生，
花瓣紫堇生有距。

裂叶堇菜 *Viola dissecta* Ledebour 堇菜科

形态特征：多年生草本，无地上茎，植株高度变化大。根状茎垂直。基生叶叶片轮廓呈圆形、肾形或宽卵形；托叶近膜质，苍白色至淡绿色，边缘疏生细齿。花较大，淡紫色至紫堇色；花梗通常与叶等长或稍超出于叶，果期通常比叶短，有毛或无毛；萼片卵形，长圆状卵形或披针形，边缘狭膜质，基部附属物短，末端截形，全缘或具 1 ～ 2 个细齿；上方花瓣长倒卵形，侧方花瓣长圆状倒卵形；子房卵球形，花柱棍棒状。蒴果长圆形或椭圆形，果皮坚、硬，无毛。花期 4—9 月，果期 5—10 月。

生境：生于山坡草地、杂木林缘、灌丛下及田边、路旁等地。

根如荠，叶如细柳，
蒸食之甘。

斑叶堇菜 | *Viola variegata* Fischer ex Link | 堇菜科

形态特征：多年生草本，无地上茎。根状茎通常较短而细，节密生，具数条淡褐色或近白色长根。叶均基生，呈莲座状，叶片圆形或圆卵形，上面暗绿色或绿色；叶柄上部有极狭的翅或无翅，被短粗毛或近无毛；托叶淡绿色或苍白色。花红紫色或暗紫色；花梗长短不等，通常带紫红色；萼片通常带紫色，长圆状披针形或卵状披针形；花瓣倒卵形；子房近球形。蒴果椭圆形，无毛或疏生短毛。种子淡褐色，小形，附属物短。花期 4 月下旬至 8 月，果期 6—9 月。

生境：生于山坡草地、林下、灌丛中或阴处岩石缝隙中。

灌缝石隙期间冒，
细根堇菜花常开。

旱柳 *Salix matsudana* Koidzumi 杨柳科

形态特征：落叶乔木，大枝斜上，树冠广圆形。单叶互生，叶披针形；托叶披针形或缺。花序与叶同时开放；雄花序圆柱形，雄蕊 2，腺体 2；雌花序短于雄花序，子房长椭圆形，腺体 2。蒴果开裂，飞出带毛的种子，俗称柳絮。花期 4 月，果期 4—5 月。

生境：生于平原、河堤、路边、山边、浅谷等处。

观赏价值：柳树是重要的园林和城乡绿化树种。

其他用途：旱柳的嫩叶可作野菜食用，也可以喂羊。木材可制家具，细的柳枝可以编筐。

春来发芽早，处处柳成荫，
柳枝细又长，绿叶披针形。

铁苋菜	*Acalypha australis* Linnaeus	大戟科

形态特征：一年生草本，小枝细长，被贴毛柔毛，毛逐渐稀疏。叶膜质，长卵形、近菱状卵形或阔披针形。雌雄花同序，花序腋生，稀顶生，花序轴具短毛，雌花苞片卵状心形，花后增大；花蕾时近球形，无毛。种子近卵状，种皮平滑，假种阜细长。花果期 4—12 月。

生境：生于平原或山坡较湿润耕地和空旷草地，海拔 20 ～ 1200 米。

大戟科中铁苋菜，
花的结构真复杂。

地构叶	*Speranskia tuberculata* (Bunge) Baillon	大戟科

形态特征：多年生草本；茎直立，分枝较多。叶纸质，披针形或卵状披针形，顶端渐尖，稀急尖，尖头钝，基部阔楔形或圆形，边缘具疏圆齿或有时深裂，齿端具腺体，上面疏被短柔毛，下面被柔毛或仅叶脉被毛；托叶卵状披针形。位于花序中部的雌花两侧有时具雄花 1 或 2 朵；苞片卵状披针形或卵形。蒴果扁球形，被柔毛和具瘤状突起。种子卵形，顶端急尖，灰褐色。花果期 5—9 月。

生境：生于山坡草丛或灌丛中，海拔 800 ～ 1900 米。

叶缘齿端具腺体，
托叶卵状披针形。

地锦草	*Euphorbia humifusa* Willdenow	大戟科

形态特征：一年生草本，根纤细，常不分枝。茎匍匐，自基部以上多分枝，偶而先端斜向上伸展，基部常红色或淡红色，被柔毛或疏柔毛。叶对生，矩圆形或椭圆形，先端钝圆，边缘常于中部以上具细锯齿。蒴果三棱状，卵球形。种子三棱状，卵球形，灰色，每个棱面无横沟，无种阜。花果期 5—10 月。

生境：生于原野荒地、路旁、田间、沙丘、海滩、山坡等地，较常见。

其他用途：全草入药。

匍匐满地地锦草，
一旦掐断流乳汁。

猫眼草	*Euphorbia esula* Linnaeus	大戟科

形态特征：多年生草本。根圆柱状，不分枝或分枝，常曲折，褐色或黑褐色。茎单生或丛生，单生时自基部多分枝。叶线形至卵形，变化极不稳定；总苞叶 3 ～ 5 枚，与茎生叶同形；苞叶 2 枚，常为肾形，少为卵形或三角状卵形。花序单生于二歧分枝的顶端，基部无柄；总苞钟状，边缘 5 裂，裂片半圆形至三角形，边缘及内侧被毛。雄花多枚，苞片宽线形，无毛；雌花 1 枚，子房柄明显伸出总苞之外；子房光滑无毛。蒴果三棱状球形。种子卵球状，成熟时黄褐色。花果期 4—10 月。

生境：生于路旁、杂草丛、山坡、林下、河沟边、荒山、沙丘及草地。

几处王孙芳草地，
胡僧相看似猫眼。

雀儿舌头 *Leptopus chinensis* (Bunge) Pojarkova 叶下珠科

形态特征：直立灌木；茎上部和小枝条具棱。叶片膜质至薄纸质，卵形、近圆形、椭圆形或披针形，叶面深绿色，叶背浅绿色；托叶小，卵状三角形。花瓣白色，匙形；子房近球形。蒴果圆球形或扁球形。花期 4—8 月，果期 6—10 月。

生境：生于山地灌丛、林缘、路旁、岩崖或石缝中，海拔 1000 米以下。

其他用途：可作绿化灌木。叶可供杀虫农药，嫩枝叶有毒。

雀儿舌头花朵小，
嫩叶有毒不可食。

鼠掌老鹳草	*Geranium sibiricum* Linnaeus	牻牛儿苗科

形状特征：一年生或多年生草本，有时具不多的分枝。茎纤细，仰卧或近直立，多分枝。叶对生；托叶披针形，棕褐色；下部叶片肾状五角形，基部宽心形，裂片倒卵形、菱形或长椭圆形。总花梗丝状，单生于叶腋；苞片对生，棕褐色、膜质，生于花梗中部或基部；萼片卵状椭圆形或卵状披针形；花瓣倒卵形，淡紫色或白色。蒴果被疏柔毛，果梗下垂。种子肾状椭圆形，黑色。花期 6—7 月，果期 8—9 月。

生境：生于林缘、疏灌丛、河谷草甸或为田间杂草。

其他用途：可用作牲畜饲料。

牻牛儿苗科鼠掌老鹳草，
花瓣倒卵形淡紫色或白色。

老鹳草 | *Geranium wilfordii* Maximowicz | 牻牛儿苗科

形态特征：多年生草本。根茎直生，粗壮。茎直立，单生，具棱槽。叶基生和茎生叶对生，托叶卵状三角形或上部为狭披针形。花序腋生和顶生，稍长于叶，总花梗被倒向短柔毛，苞片钻形。萼片长卵形或卵状椭圆形；花瓣白色或淡红色，倒卵形。花期 6—8 月，果期 8—9 月。

生境：生于低山林下、草甸，海拔 1800 米以下。

其他用途：地上部药用。

多年生草本老鹳草，
花瓣白色或淡红色。

柳兰 *Chamerion angustifolium* (Linnaeus) Holub 柳叶菜科

又名铁筷子、火烧兰。

形态特征：多年粗壮草本，直立，丛生。花序总状，直立。花在芽时下垂；花蕾倒卵状；子房淡红色或紫红色；萼片紫红色，长圆状披针形；花药长圆形。种子狭倒卵状。花期 6—9 月，果期 8—10 月。

生境：生于山区半开旷或开旷较湿润草坡灌丛、火烧迹地、高山草甸、河滩、砾石坡，海拔 500 ～ 3100 米。

其他用途：茎叶可作猪饲料；全草可制栲胶。

柳叶菜科有柳兰，
多年粗壮丛生大草本。

柳叶菜	*Epilobium hirsutum* Linnaeus	柳叶菜科

形态特征：多年生草本。叶草质，对生，茎上部的互生；茎生叶披针状，椭圆形至狭倒卵形或椭圆形。花直立，花蕾卵状长圆形；花瓣常玫瑰红色，或粉红、紫红色，宽倒心形；花药乳黄色，长圆形，蒴果被毛。种子倒卵状，顶端具很短的喙，深褐色，表面具粗乳突。花期 6—8 月，果期 7—9 月。

生境：生于灌丛、荒坡或路旁等，常成片生长。

其他用途：嫩苗嫩叶可作色拉凉菜。

柳叶菜科柳叶菜，
嫩苗嫩叶作色拉。

火炬树 *Rhus typhina* Linnaeus 漆树科

形态特征：灌木或小乔木。树皮灰褐色。小枝茂密，密生柔毛。奇数羽状复叶。小枝、叶柄、叶轴和花序密生灰绿色柔毛。小叶 19 ～ 31 个，披针形或长圆状披针形，先端渐尖或尾尖，其部宽楔形，边缘有锯齿；上面绿色，无毛；下面灰绿色，叶脉上有毛。圆锥花序，顶生。花小，带绿色，密生短柔毛；萼片、花瓣、雄蕊均为 5。核果，球形，深红色，月毛。花期 7—8 月，果期 9—10 月。

生境：生于山坡、路边、沟边、山谷等。

其他用途：火炬树是良好的护坡、固堤、固沙的水土保持和薪炭林树种。木材黄色，纹理致密美观，可雕刻、旋制工艺品。

漆树科火炬树，
圆锥花序似火炬。

盐肤木 | *Rhus chinensis* Miller | 漆树科

形态特征：小乔木或灌木。叶互生，奇数羽状复叶；小叶7～13枚；叶轴及叶柄有翅，叶缘有锯齿，叶背的柔毛灰褐色。顶生圆锥花序，花枝的柔毛褐色；花较小，杂性花。花黄白色；萼片5或6枚；花瓣数目同萼片。核果扁圆形，红色，其上短柔毛灰白色。花期8—9月，果期10月。

全布：灌丛及疏林下。

观赏价值：深秋叶子变红，是观赏红叶的一种。

其他用途：叶上寄生的虫瘿叫五倍子，可药用，但多产于秦岭及以南地区。

盐肤木小乔木或灌木，
叶轴叶柄都有翅。

黄栌 *Cotinus coggygria* Scopoli 漆树科

形态特征：小乔木或灌木，木质部黄色，故名黄栌。叶互生，单叶；叶倒卵形或卵圆形；叶缘全缘或有齿，无托叶。顶生圆锥花序；花较小，杂性花。仅少数花发育，不育花的花梗花后伸长，被羽状长柔毛，宿存。花萼 5 裂；花瓣 5 枚。核果小，肾形扁平。花期 4—5 月，果期 5—7 月。

生境：生于灌丛及疏林下，海拔 1500 米以下。

观赏价值：为北京深秋著名的观赏红叶。北京有过红叶节的风俗。花序很有特色，毛茸茸的都是不育枝，小球是果实。

北京秋叶红，万人登山去，
采得红叶归，细查乃黄栌。

元宝槭 *Acer truncatum* Bunge 无患子科

形态特征：小乔木或灌木，木质部黄色，故名黄栌。叶互生，单叶；叶倒卵形或卵圆形；叶缘全缘或有齿，无托叶。顶生圆锥花序；花较小，杂性花。仅少数花发育，不育花的花梗花后伸长，被羽状长柔毛，宿存。花萼 5 裂；花瓣 5 枚。核果小，肾形扁平。花期 4—5 月，果期 5—7 月。

生境：生于灌丛及疏林下，海拔 1500 米以下。

观赏价值：为北京深秋著名的观赏红叶。

元宝槭翅果似元宝，
五角形叶片基部平。

青榨槭	*Acer davidii* Franchet	无患子科

形态特征：落叶乔木。树皮黑褐色或灰褐色，常纵裂成蛇皮状。枝黄褐色或灰褐色，一年生小枝紫绿色或绿褐色，有稀疏皮孔。叶卵状长圆形或长圆形，先端渐尖或尾尖，基部心形或圆形，边缘有不整齐的重锯齿。花黄绿色，雄花与两性花同株，成下垂的总状花序。雄花序短，花少，雌花序长，花多。萼片 5，花瓣 5，与萼近等长，雄蕊 8，在雌花中略长于花瓣，在两性花中不育，花药黄色，球形，生于花盘外侧。子房具红褐色短柔毛，在雄花中不育。翅果，开张成钝角或仅水平状。花期 4—5 月，果期 9—10 月。

生境：生于山坡疏林中，海拔 500 ～ 1500m。

其他用途：可用为绿化和造林树种。树皮纤维较长，又含丹宁，可作工业原料。

树皮纵裂蛇皮状，
翅果成熟黄褐色。

栾树　*Koelreuteria paniculata* Laxmann　无患子科

又名木栾、五乌拉叶。

形状特征：落叶乔木或灌木；树皮厚，灰褐色至灰黑色。聚伞圆锥花序，密集呈头状；苞片狭披针形；花淡黄色；萼裂片卵形；花瓣开花时向外反折；子房三棱形。蒴果圆锥形，果瓣卵形。种子近球形。花期 5—8 月，果期 9—10 月。

生境：生于丘陵、山麓及谷地等。

其他用途：常栽培作庭园观赏树。木材黄白色，易加工，可制家具；叶可作蓝色染料。

原产山地进园林，
早春嫩芽作野菜。

花椒 *Zanthoxylum bungeanum* Maximowicz 芸香科

形态特征：落叶小乔木，茎干上的刺常早落，枝有短刺，小枝上的刺基部宽而扁且为长三角形。小叶对生，无柄，卵形、椭圆形或稀披针形，近基部的有时圆形。花被片黄绿色。果紫红色。花期 4—5 月，果期 8—10 月。

生境：见于平原至海拔较高的山地，常在村镇房前屋后栽植。

其他用途：果皮入药。

花椒果实人人知，
晒时娇映夕阳红。

臭椿	*Ailanthus altissima* (Miller) Swingle	苦木科

形态特征：落叶乔木，树皮平滑而有直纹。叶为奇数羽状复叶；小叶对生或近对生，卵状披针形，叶上面深绿色，下面灰绿色，柔碎后具臭味。花淡绿色；萼片覆瓦状排列；花药长圆形。翅果长椭圆形；种子位于翅的中间，扁圆形。花期4—5月，果期8—10月。

生境：分布广泛，广为栽培。

其他用途：可作石灰岩地区造林树种，也可作园林风景树和行道树。木材可制作农具车辆等；叶可饲柞蚕（天蚕）；树皮、根皮入药。

臭椿高大树皮滑，
翅果中间长种子。

小花扁担杆 *Grewia biloba* var. *microphylla* (Maximowicz) Handel-Mazzetti 锦葵科

形态特征：落叶灌木；小枝与叶柄密生黄褐色短毛。单叶，叶菱状卵形或菱形，叶缘有不整齐的锯齿，叶下面的毛较密。聚伞花序与叶对生，具多数花，花色淡黄。核果橙红色。花期 5—7 月。

生境：在平原和低山中常见。

观赏价值：果实橙红色，鲜丽耀眼，宿存在枝条上几个月。

其他用途：树皮纤维可以作人造棉。

低山中漫游，路边见红球，
借问是何物，小花扁担杆。

蒙椴 *Tilia mongolica* Maximowicz 锦葵科

又名小叶椴。

形态特征：乔木，树皮淡灰色，有不规则薄片状脱落；嫩枝无毛，顶芽卵形，无。叶粗锯齿，齿尖突出；叶柄无毛，纤细。聚伞花序，花序柄无毛，花柄纤细；萼片披针形，外面近无毛；退化雄蕊花瓣状；雄蕊与萼片等长；子房有毛，花柱秃。果实倒卵形，被毛，有棱或有不明显的棱。花期 7 月。

生境：生于潮湿山地或干湿适中的平原。

其他用途：蒙椴木材轻软，可作家具、炊具用材。

蒙椴又叫小叶椴，
潮湿山地有时见。

紫椴 *Tilia amurensis* Ruprecht 椴树科

形态特征：乔木，树皮暗灰色，片状脱落；嫩枝初时有白丝毛，顶芽无毛，有鳞苞3片。叶阔卵形或卵圆形，先端急尖或渐尖，基部心形，稍整正，有时斜截形，上面无毛，下面浅绿色，脉腋内有毛丛，侧脉4～5对，边缘有锯齿；叶柄纤细，无毛。聚伞花序纤细，无毛，有花3～20朵；苞片狭带形，两面均无毛，下半部或下部1/3与花序柄合生；萼片阔披针形，外面有星状柔毛；退化雄蕊不存在；雄蕊较少，约20枚；子房有毛。果实卵圆形，被星状茸毛，有棱或有不明显的棱。花期7月。

分布：喜肥、喜排水良好的湿润的沙质壤土或壤土，多生长在山的中、下部，一般海拔800m以下。

村村作蟹椴，
处处起鱼梁。

野西瓜苗	*Hibiscus trionum* Linnaeus	锦葵科

形态特征：一年生草本，茎柔软，被白色星状粗毛。裂片倒卵形至长圆形，叶柄被星状粗硬毛和星状柔毛，托叶线形被星状粗硬毛，花梗被星状粗硬毛。花萼钟形，淡绿色，被粗长硬毛或星状粗长硬毛；花淡黄色，内面基部紫色，花瓣倒卵形，外面疏被极细柔毛。蒴果长圆状球形，黑色；种子肾形，黑色，具腺状突起。花期 7—10 月。

生境：生于平原、山野、丘陵或田埂，是常见的田间杂草。

野西瓜苗很常见，
花艳丽果似灯笼。

苘麻	*Abutilon theophrasti* Medicus	锦葵科

形态特征：一年生亚灌木状草本，茎枝被柔毛。叶互生，圆心形，先端长渐尖，基部心形，边缘具细圆锯齿，两面均密被星状柔毛。花单生于叶腋，被柔毛，近顶端具节；花萼杯状，密被短绒毛；花黄色，花瓣倒卵形。蒴果半球形，被粗毛，顶端具长芒。种子肾形，褐色。花期 7—8 月。

生境：生于路旁、荒地和田野中。

其他用途：茎皮纤维可编织麻袋、搓绳索、编麻鞋等。种子药用。

苘麻平原多，
用来搓麻绳。

荠　*Capsella bursa-pastoris* (Linnaeus) Medikus　十字花科

形态特征：一年生或二年生的草本植物，茎有分枝且直立。基生叶有长叶柄，丛生；茎生叶为狭披针形，基部抱茎，边缘有锯齿或缺刻，双面无毛或具细毛。总状花序腋生及顶生；花为白色。短角果扁平，为倒心形或倒三角形。种子淡褐色。花果期 4—6 月。

生境：生于山坡、田边及路旁，野生，偶有栽培。

其他用途：嫩时可食用。

春来百姓采荠菜，
回家作馅包饺子。

蔊菜	*Rorippa indica* (Linnaeus) Hiern	十字花科

形态特征：一年生或二年生草本。植株较粗壮，具疏毛或无毛。茎直立，分枝或单一，表面具纵沟。叶互生，卵状披针形，边缘有锯齿且不整齐。总状花序顶生或侧生，花小，多数，具细花梗；萼片4，卵状长圆形；花瓣4，黄色，匙形，基部渐狭成短爪，与萼片近等长；雄蕊6，2枚稍短。长角果线状。种子多，小，卵圆形而扁。花期4—6月，果期6—8月。

生境：生于路旁、田边、园圃、河边、屋边墙脚及山坡路旁等较潮湿处。

其他用途：嫩时可食用。

春来时节蔊菜多，
嫩苗作馅包饺子。

风花菜 | *Rorippa globosa* (Turczaninow ex Fischer et C. A. Meyer) Hayek | 十字花科

又名球果蔊菜。

形态特征：一年生或二年生草本，茎直立粗壮，被白色硬毛或近无毛。茎单一，基部木质化，下部被白色长毛，上部近无毛分枝或不分枝。茎下部叶具柄，上部叶无柄，叶片长圆形至倒卵状披针形。总状花序多数，呈圆锥花序式排列，果期伸长。花小，黄色，具细梗；萼片4，长卵形，开展，基部等大，边缘膜质；花瓣4，倒卵形，与萼片等长成稍短，基部渐狭成短爪；雄蕊6，4强或近于等长。短角果实近球形，果瓣隆起，平滑无毛，顶端具宿存短花柱；果梗纤细，呈水平开展或稍向下弯。种子多数，淡褐色，极细小，扁卵形。花期4—6月，果期7—9月。

生境：生于河岸、湿地、路旁、沟边或草丛中，也生于干旱处，海拔2500米以下。

其他用途：可作饲料。

茎直分枝密黄花，
味辛解毒土中生。

糖芥	*Erysimum amurense* Kitagawa	十字花科

形态特征：一年生或二年生草本，密生伏贴 2 叉毛；茎直立，不分枝或上部分枝，具棱角。叶披针形或长圆状线形，基生叶全缘，两面有 2 叉毛；上部叶有短柄或无柄，基部近抱茎，边缘有波状齿或近全缘。总状花序顶生，有多数花；萼片长圆形，密生 2 叉毛，边缘白色膜质；花瓣橘黄色，倒披针形，有细脉纹，顶端圆形，基部具长爪；雄蕊 6，近等长。长角果线形，稍呈四棱形，柱头 2 裂，裂瓣具隆起中肋。种子每室 1 行，长圆形，侧扁，深红褐色。花期 6—8 月，果期 7—9 月。

生境：生于山坡、草地、林缘、灌木丛、河岸、路旁、田边荒地。

观赏价值：可作绿化植物。

黄色小花夏天开，
糖芥生在满山坡。

垂果南芥	*Arabis pendula* Linnaeus	十字花科

形态特征：二年生草本，全株被有硬单毛；主根为黄白色圆锥状。茎直立，其上部具有分枝。茎上部的叶椭圆形至披针形且狭长，下部的叶长椭圆形至倒卵形。总状花序腋生或顶生。花瓣为白色的匙形。长角果为弧曲，下垂的线形。种子褐色椭圆形。花期 6—9 月，果期 7—10 月。

生境：生于山坡、山沟、草地、林缘、灌木丛、河岸及路旁的杂草地。

十字花科南芥属，
垂果多多可观赏。

播娘蒿	*Descurainia sophia* (Linnaeus) Webb ex Prantl	十字花科

形态特征：一年生草本，高 20 ～ 80 厘米，有毛或无毛，毛为叉状毛，以下部茎生叶为多，向上渐少。茎直立，分枝多，常于下部成淡紫色。叶为三回羽状深裂，末端裂片条形或长圆形，下部叶具柄，上部叶无柄。花序伞房状，果期伸长；萼片直立，早落，长圆条形，背面有分叉细柔毛；花瓣黄色，长圆状倒卵形，具爪；雄蕊 6 枚，比花瓣长三分之长角果圆筒状，无毛，稍内曲，与果梗不成一条直线，果瓣中脉明显；果梗长 1 ～ 2 厘米。种子每室 1 行，种子形小，多数，长圆形，稍扁，淡红褐色，表面有细网纹。花期 4—5 月。

生境：田间杂草。

其他用途：种子含油达 40%，可食用，亦作药用，为葶苈子的一种。

田间杂草播娘蒿，
种子含油可食用。

诸葛菜 *Orychophragmus violaceus* (Linnaeus) O. E. Schulz 十字花科

又名二月蓝。

形态特征：一年生或二年生草本，基生叶及下部茎生叶大头羽状全裂，顶裂片近圆形或短卵形，顶端钝，基部心形，有钝齿，侧裂片 2 ～ 6 对，卵形或三角状卵形，全缘或有牙齿。花紫色、浅红色或褪成白色；种子卵形至长圆形。花期 4—5 月，果期 5—6 月。

生境：生长于平原、山地、路旁、地边等。

观赏价值：二月蓝是北方地区不可多得的早春观花、冬季观绿的地被植物。

其他用途：一种野菜，其嫩叶和嫩茎可食。种子可榨油。

诸葛亮吃诸葛菜，
营养丰富全身宝。

巴天酸模 *Rumex patientia* Linnaeus 蓼科

形态特征：多年生草本。根肥厚；茎直立，粗壮，上部分枝，生有深沟槽。基生叶长圆形或长圆状披针形，顶端急尖，基部圆形或近心形，边缘呈波状；叶柄粗壮；茎上部生长的叶披针形，较小，叶柄短或近无柄；托叶鞘筒状，膜质，易破裂。花序呈圆锥状，大型；花两性，浅黄白色、浅黄绿色；花梗较细弱，中下部生有关节。瘦果卵形，具 3 锐棱，顶端渐尖，褐色，有光泽。花期 5—6 月，果期 6—7 月。

生境：生于沟边湿地、水边，海拔 4000 米以下。

蓼科巴天酸模，幼苗可以作野菜。

绵毛马蓼 *Polygonum lapathifolium* var. *salicifolium* Sibthorp 蓼科

形态特征：一年生草本。茎直立，有分枝。叶柄生短刺毛；叶披针形或宽披针形，顶端渐尖或急尖，基部楔形，常有黑褐色新月形斑点，无毛，下面沿主脉有贴生粗硬毛，全缘，边缘生粗硬毛，托叶鞘筒状，膜质，淡褐色，无毛。总状花序呈穗状，顶生或腋生，近直立，花紧密。瘦果宽卵形，双凹，黑褐色，有光泽，包于宿存花被内。花期6—8月，果期7—9月。

生境：生于田边、路旁、水边、荒地或沟边湿地，海拔3900米以下。

绵毛酸模叶蓼田中多，
托叶鞘筒状膜质淡褐色。

柳叶刺蓼 *Polygonum bungeanum* Turczaninow 蓼科

形态特征：一年生草本。茎直立或上升，分枝，生有纵棱，被稀疏的倒生短皮刺。叶披针形或狭椭圆形，顶端常急尖，基部楔形，上下叶面及边缘具短缘毛；叶柄密生短硬伏毛；托叶鞘筒状，膜质，生有硬伏毛，顶端截形，生有长缘毛。总状花序呈穗状，顶生或腋生，通常分枝，下部间断，花序梗密被腺毛；瘦果近圆形，双凸镜状，黑色，无光泽。花期 7—8 月，果期 8—9 月。

生境：生于沙地、田边及路旁荒芜湿地，海拔 2000 米以下。

其他用途：具有保健作用。

柳叶刺蓼平原多，
全株倒生短皮刺。

孩儿参 *Pseudostellaria heterophylla* (Miquel) Pax 石竹科

形态特征：多年生草本，高 15 ～ 20 厘米。茎直立，单生，被 2 列短毛。茎下部叶常 1 ～ 2 对，叶片倒披针形，上部叶 2 ～ 3 对，叶片宽卵形或菱状卵形，长 3 ～ 6 厘米，宽 2 ～ 17（～ 20）毫米，上面无毛，下面沿脉疏生柔毛。花，腋生或呈聚伞花序；花梗长 1 ～ 2 厘米，有时长达 4 厘米，被短柔毛；萼片 5，狭披针形，长约 5 毫米；花瓣 5，白色，长圆形或倒卵形，长 7 ～ 8 毫米，顶端 2 浅裂；雄蕊 10，短于花瓣；花柱 3，微长于雄蕊；柱头头状。蒴果卵形；种子褐色，扁圆形，长约 1.5 毫米，具疣状凸起。花期 4—7 月，果期 7—8 月。

生境：生于海拔 800 ～ 2700 米的山谷林下阴湿处。

石竹科植物孩儿参，
块根白色长纺锤形。

女娄菜 | *Silene aprica Turczaninow* ex Fischer & C. A. Meyer | 石竹科

形态特征：一年生或二年生草本，全株密被灰色短柔毛。主根较粗壮，稍木质。茎单生或数个，直立，分枝或不分枝。基生叶叶片倒披针形或狭匙形；茎生叶叶片倒披针形、披针形或线状披针形，比基生叶稍小。圆锥花序较大型；苞片披针形，草质，渐尖，具缘毛；花萼卵状钟形，近草质，密被短柔毛；花瓣白色或淡红色，倒披针形，微露出花萼或与花萼近等长；副花冠片舌状；雄蕊不外露，花丝基部具缘毛；花柱不外露，基部具短毛。蒴果卵形，与宿存萼近等长或微长。种子圆肾形，灰褐色，具小瘤。花期 5—7 月，果期 6—8 月。

生境：生于平原、丘陵或山地。

北京山区女娄菜，
全株密被短柔毛。

石生蝇子草 *Silene tatarinowii* Regel 石竹科

又名麦瓶草。

形态特征：多年生草本，全株生有短柔毛。茎上升或俯仰，分枝稀疏，有时基部节上生不定根。叶片披针形或卵状披针形，稀卵形，基部宽楔形或渐狭窄成柄状，顶端较长渐尖，具 1 或 3 条基出脉。二歧聚伞花序，疏松；花萼筒状呈棒形，纵脉绿色，稀紫色；花瓣白色，轮廓呈倒披针形，瓣片呈倒卵形。蒴果卵形或狭卵形。花期 7—8 月，果期 8—10 月。

生境：生于灌丛中、疏林下多石质的山坡或岩石缝中，海拔 800 ～ 2900 米。

石生蝇子草又叫麦瓶草，
花儿朵朵可观赏。

石竹	*Dianthus chinensis* Linnaeus	石竹科

形态特征：多年生草本，全株无毛。茎疏丛生，直立，上部分枝。叶片线状披针形，顶端渐尖，基部稍狭，全缘或有细小齿，中脉较显。花单生枝端或数花集成聚伞花序；苞片 4，卵形，顶端长渐尖，长达花萼 1/2 以上，边缘膜质，有缘毛；花萼圆筒形，有纵条纹，萼齿披针形，顶端尖，有缘毛；花瓣倒卵状三角形，紫红色、粉红色、鲜红色或白色，顶缘不整齐齿裂，喉部有斑纹，疏生髯毛；雄蕊露出喉部外，花药蓝色；花柱线形。蒴果圆筒形，包于宿存萼内，顶端 4 裂。种子黑色，扁圆形。花期 5—6 月，果期 7—9 月。

生境：生于山地、田边、路旁或草地上。

观赏价值：石竹已广泛栽培。育出许多品种，是很好的观赏花卉。可用于花坛、花境、花台或盆栽，也可用于岩石园和草坪边缘点缀。

其他用途：地上部入药。石竹有吸收二氧化硫和氯气的本领。

春草似青衣，
花伞如团扇。

苋　*Amaranthus tricolor* Linnaeus　苋科

形态特征：一年生草本。叶片卵形、菱状卵形或披针形，绿色或常成红色、紫色或黄色，或部分绿色加杂其他颜色，全缘或波状缘，无毛。花簇腋生，成下垂的穗状花序；花簇球形，雄花和雌花混生。花被片矩圆形；雄蕊比花被片长或短。种子近圆形或倒卵形，黑色或黑棕色，边缘钝。花期 5—8 月，果期 7—9 月。

生境：生于平原或丘陵地区，多为栽培，或逸为半野生。

其他用途：嫩叶可食用。

苋菜到处是，
嫩叶可食用。

马齿苋	*Portulaca oleracea* Linnaeus	马齿苋科

形态特征：一年生草本，全株无毛。茎平卧或斜倚，伏地铺散，多分枝，圆柱形，淡绿色或带暗红色。叶互生，叶片扁平，肥厚，倒卵形，似马齿状，顶端圆钝或平截，上面暗绿色，下面淡绿色或带暗红色，中脉微隆起。花无梗，常 3 ～ 5 朵簇生枝端，午时盛开；苞片 2 ～ 6，叶状，膜质，近轮生；萼片 2，对生，绿色，盔形，左右压扁，顶端急尖，背部具龙骨状凸起，基部合生；花瓣 5，黄色，倒卵形，顶端微凹，基部合生；雄蕊通常 8，花药黄色；花柱比雄蕊稍长，柱头 4 ～ 6 裂，线形。蒴果卵球形，盖裂。种子细小，多数，偏斜球形，黑褐色，有光泽。花期 5—8 月，果期 6—9 月。

生境：生于菜园、农田、路旁等。喜肥，耐旱，耐涝，生活力强。

其他用途：地上部入药。嫩茎叶可食。

马齿苋又叫长寿草，
叶片扁平肥厚作野菜。

大花溲疏 *Deutzia grandiflora* Bunge 绣球花科

形态特征：灌木；老枝紫褐色或灰褐色，无毛，表皮片状脱落。叶纸质，卵状菱形或椭圆状卵形，先端急尖，基部楔形或阔楔形，边缘具大小相间或不整齐锯齿，上面被 4 ～ 6 辐线星状毛，下面灰白色，被 7 ～ 11 辐线星状毛。聚伞花序；花蕾长圆形；萼筒浅杯状，密被灰黄色星状毛；花瓣白色，长圆形或倒卵状长圆形，先端圆形，中部以下收狭，外面被星状毛，花蕾时内向镊合状排列；外轮雄蕊花丝先端 2 齿，齿平展或下弯成钩状，花药卵状长圆形，具短柄，内轮雄蕊较短，形状与外轮相同。蒴果半球形，被星状毛，具宿存萼裂片外弯。花期 4—6 月，果期 9—11 月。

生境：生于山坡、山谷和路旁灌丛中，海拔 800 ～ 1600 米。

其他用途：园林观赏树种。

大花溲疏叶子小，
花瓣白色是灌木。

小花溲疏 | *Deutzia parviflora* Bunge | 绣球花科

形态特征：灌木；老枝灰褐色或灰色，表皮片状脱落。叶纸质，卵形、椭圆状卵形或卵状披针形，先端急尖或短渐尖，基部阔楔形或圆形，边缘具细锯齿，上面疏被 5 ～ 6 辐线星状毛，下面被大小不等 6 ～ 12 辐线星状毛。伞房花序，多花；花序梗被长柔毛和星状毛；花蕾球形或倒卵形；萼筒杯状，密被星状毛，裂片三角形，较萼筒短，先端钝；花瓣白色，阔倒卵形或近圆形，先端圆，基部急收狭，两面均被毛，花蕾时覆瓦状排列；外轮雄蕊花丝钻形或近截形，内轮雄蕊花丝钻形或具齿，齿长不达花药，花药球形，具柄；花柱 3，较雄蕊稍短。蒴果球形。花期 5—6 月，果期 8—10 月。

生境：生于阔叶林缘或灌丛中，海拔 1000 ～ 1500 米。

其他用途：园林绿化植物。花枝可供瓶插观赏。

小花溲疏花小叶大，
北京山中多有分布。

太平花 *Philadelphus pekinensis* Ruprecht 绣球花科

形态特征：灌木，分枝较多；二年生小枝无毛，表皮栗褐色，当年生小枝无毛，表皮黄褐色，不开裂。叶卵形或阔椭圆形，先端长渐尖，基部阔楔形或楔形，边缘具锯齿，稀近全缘，两面无毛；叶脉离基出 3 ～ 5 条；花枝上叶较小，椭圆形或卵状披针形；叶柄无毛。总状花序有花 5 ～ 9 朵；花序轴黄绿色，无毛；花梗无毛；花萼黄绿色，外面无毛，裂片卵形，先端急尖，干后脉纹明显；花冠盘状；花瓣白色，倒卵形；雄蕊 25 ～ 28 ；花盘和花柱无毛。蒴果近球形或倒圆锥形，宿存萼裂片近顶生。种子具短尾。花期 5—7 月，果期 8—10 月。

生境：生于山坡或溪边灌丛，常栽培。

其他用途：园林园艺植物。

扶床踉蹡出京华，头白车书未一家。
宵旰至今劳圣主，泪痕空对太平花。

东陵绣球 *Hydrangea bretschneideri* Dippel 绣球花科

形态特征：灌木；当年生小枝栗红色至栗褐色或淡褐色，二年生小枝色稍淡，通常无皮孔，树皮较薄，常呈薄片状剥落。叶薄纸质或纸质，卵形至长卵形、倒长卵形或长椭圆形；中脉在下面凸起，侧脉7～8对。伞房状聚伞花序较短小，顶端截平或微拱；不育花萼片4，广椭圆形、卵形、倒卵形或近圆形，近等大；孕性花萼筒杯状，萼齿三角形；花瓣白色，卵状披针形或长圆形；雄蕊10枚，不等长，短的约等于花瓣，花药近圆形。蒴果卵球形。种子淡褐色，狭椭圆形或长圆形，具纵脉纹，两端各具狭翅。花期6—7月，果期9—10月。

生境：生于林缘、山谷、河边等处。

其他用途：园林植物。

花伞房状花怒放，
东陵八仙媚动人。

沙棘　*Cornus bretschneideri* L. Henry　山茱萸科

形态特征：灌木或小乔木；树皮紫红色。叶对生，纸质，卵形、椭圆状卵形或长圆形。伞房状聚伞花序顶生；总花梗细圆柱形；花小，白色；花萼裂片尖齿状或尖三角形；花瓣舌状长卵形，花药淡黄白色；花盘褥状无毛；花柱圆柱形；花梗细圆柱形，疏生灰白色短柔毛。核果蓝黑色至黑色，近于球形，密被贴生短柔毛。花期 6—7 月，果期 8—9 月。

生境：生于杂木林内或灌丛中，海拔 1100 ～ 2300 米。

山茱萸科有沙棘，
核果蓝黑近球形。

水金凤 | *Impatiens noli-tangere* Linnaeus | 凤仙花科

形态特征：一年生草本，茎较粗壮，肉质，直立，上部多分枝，无毛，下部节常膨大，有多数纤维状根。叶片卵形或卵状椭圆形，先端钝，稀急尖，基部圆钝或宽楔形，边缘有粗圆齿，齿端具小尖，两面无毛，上面深绿色，下面灰绿色。花黄色。蒴果圆柱形。种子多数，长圆球形，褐色，光滑。花期 7—9 月。

生境：生于山坡林下、林缘草地或沟边，海拔 900 ～ 2400 米。

秋风送爽丽姿容，
凤舞龙飞跃长空。

点地梅	*Androsace umbellata* (Loureiro) Merrill	报春花科

形态特征：一年生或二年生草本。主根不明显，具多数须根。叶全部基生，叶片近圆形或卵圆形，先端钝圆，基部浅心形至近圆形。苞片卵形至披针形；花梗纤细；花萼杯状；花冠白色，裂片倒卵状长圆形。蒴果近球形，果皮白色，近膜质。花期3—5月，果期5—7月。

生境：生于路旁、林缘、草地和疏林下。

花片片飞风弄蝶，
柳阴阴下水平桥

软枣猕猴桃 *Actinidia arguta* (Siebold et Zuccarini) Planchon ex Miquel 猕猴桃科

形态特征：大型落叶藤本植物；小枝基本无毛或幼嫩时星散地薄被柔软绒毛或茸毛，叶膜质或纸质，卵形、长圆形、阔卵形至近圆形，背面绿色，花序腋生或腋外生，苞片线形，花绿白色或黄绿色，萼片卵圆形至长圆形，花瓣楔状倒卵形或瓢状倒阔卵形，花丝丝状，花药黑色或暗紫色，果圆球形至柱状长圆形，成熟时绿黄色或紫红色。

生境：该种分化强烈，分布广阔。生于混交林或水分充足的杂木林中。

其他用途：果是营养价值很高的食品。果既可生食，也可制果酱、蜜饯、罐头、酿酒等。

山中软枣猕猴桃，
果实挂满树枝上。

迎红杜鹃 *Rhododendron mucronulatum* Turczaninow 杜鹃花科

形态特征：落叶灌木，分枝多。幼枝细长，疏生鳞片。叶片质薄，椭圆形或椭圆状披针形，顶端锐尖、渐尖或钝，边缘全缘或有细圆齿，基部楔形或钝，上面疏生鳞片，下面鳞片大小不等，褐色。花序腋生枝顶，1 ～ 3 花，先叶开放，伞形着生；花冠宽漏斗状，淡红紫色，外面被短柔毛，无鳞片；子房 5 室，密被鳞片，花柱光滑，长于花冠。蒴果长圆形，先端 5 瓣开裂。花期 4—6 月，果期 5—7 月。

生境：生于山地灌丛或林下。

其他用途：具有栽培和园艺价值。

杜鹃花开映山红，
漫山遍野成灌丛。

照山白　*Rhododendron micranthum* Turczaninow　杜鹃花科

形态特征：常绿灌木，茎灰棕褐色。幼枝被鳞片及细柔毛。叶近革质，倒披针形、长圆状椭圆形至披针形，顶端钝，急尖或圆，具小突尖，基部狭楔形，上面深绿色，有光泽，常被疏鳞片，下面黄绿色，被淡或深棕色有宽边的鳞片，鳞片相互重叠、邻接或相距。花冠钟状，外面被鳞片，内面无毛。蒴果长圆形。花期 5—6 月，果期 8—11 月。

生境：生于山坡灌丛、山谷、峭壁及石岩上，海拔 1000 ～ 3000 米。

其他用途：植于庭院、公园，可供观赏。

灌丛峭壁照山白，
叶片有毒勿食用。

茜草 *Rubia cordifolia* Linnaeus 茜草科

形态特征：草质攀援藤本；根状茎和其节上的须根均红色；茎多条，从根状茎的节上发出，细长，方柱形，棱上生倒生皮刺，中部以上多分枝。叶通常4片轮生，纸质，披针形或长圆状披针形，顶端渐尖，基部心形，边缘有齿状皮刺，两面粗糙，脉上有微小皮刺；基出脉3条，叶柄有倒生皮刺。聚伞花序腋生和顶生，多回分枝，有花10余朵至数十朵，花序和分枝均细瘦，有微小皮刺；花冠淡黄色，干时淡褐色。果球形，成熟时橘黄色。花期8—9月，果期10—11月。

生境：生于疏林、林缘、灌丛或草地上。

其他作用：根、根茎入药。

草质攀援藤本茜草，
棱上倒生皮刺生。

笔龙胆 *Gentiana zollingeri* Fawcett 龙胆科

形态特征：一年生草本，高 3 ～ 6 厘米。茎直立，紫红色，光滑，从基部起分枝，稀不分枝。叶卵圆形或卵圆状匙形，长 10 ～ 13 毫米，宽 3 ～ 8 毫米，先端钝圆或圆形，花多数，单生于小枝顶端，小枝密集呈伞房状，稀单花顶生；花梗紫色，光滑，长 1 ～ 2.5 毫米，藏于上部叶中；花萼漏斗形，蒴果外露或内藏，倒卵状矩圆形，长 6 ～ 7 毫米，先端圆形，具宽翅，两侧边缘有狭翅，柄长至 10 毫米；种子褐色，椭圆形，长 0.3 ～ 0.4 毫米，表面具细网纹。花果期 4—6 月。

生境：生于草甸、灌丛中、林下，海拔 500 ～ 1650 米。

其他用途：著名的花卉。

笔龙胆一年生，
花萼漏斗形。

杠柳 | *Periploca sepium* Bunge | 夹竹桃科

形态特征：落叶灌木。主根圆柱状。具乳汁，除花外，全株无毛；茎皮灰褐色；小枝通常对生，有细条纹。聚伞花序腋生，着花数朵；花序梗和花梗柔弱；花萼裂片卵圆形；花冠紫红色，辐状。种子长圆形，黑褐色，顶端具白色绢质种毛。花期 5—6 月，果期 7—9 月。

生境：生于平原及低山丘的林缘、沟坡、河边沙质地或地埂等处。

其他用途：根皮入药。

灌木杠柳萝藦科，
叶有乳汁亦野菜。

白首乌	*Cynanchum bungei* Decaisne	夹竹桃科

形态特征：攀援性半灌木；块根粗壮；茎纤细而韧。叶对生，戟形。伞形聚伞花序腋生，比叶为短；花萼裂片披针形，基部内面腺体通常没有或少数；花冠白色，裂片长圆形；副花冠 5 深裂，裂片呈披针形，内面中间有舌状片。种子卵形；种毛白色绢质。花期 6—7 月，果期 7—10 月。

生境：生于山坡、山谷或河坝、路边的灌木丛或岩石隙缝中，海拔 1500 米以下。

著名植物白首乌，
花冠白色块根粗。

萝藦	*Metaplexis japonica* (Thunberg) Makino	夹竹桃科

形态特征：多年生草质藤本，茎圆柱状，表面淡绿色。总状式聚伞花序腋生或腋外生，花蕾圆锥状，顶端尖；花冠白色，有淡紫红色斑纹，近辐状，花冠筒短，花冠裂片披针形，张开，顶端反折，基部向左覆盖，内面被柔毛。种子扁平，卵圆形，有膜质边缘，褐色，顶端具白色绢质种毛。花期 7—8 月，果期 9—12 月。

生境：生于林边荒地、山脚、河边、路旁灌木丛中。

其他用途：茎皮纤维坚韧，可造人造棉。

草质藤本较常见，
茎皮纤维人造棉。

附地菜	*Trigonotis peduncularis* (Triranus) Bentham ex Baker et S. Moore	紫草科

形态特征：一年生或二年生草本。茎通常多条丛生，基部多分枝，被短糙伏毛。基生叶呈莲座状，有叶柄，叶片匙形，茎上部叶长圆形或椭圆形，无叶柄或具短柄。花序生茎顶，幼时卷曲，后渐次伸长；花萼裂片卵形；花冠淡蓝色或粉色，倒卵形，先端圆钝。花果期 4—9 月。

生境：生于平原、丘陵草地、林缘、田间及荒地。

其他用途：花美观，可以点缀花园。

附地菜拍黄瓜味，
小小蓝花紫草科。

斑种草 *Bothriospermum chinense* Bunge 紫草科

形态特征：一年生草本，稀为二年生，密生开展或向上的硬毛。根为直根，细长，不分枝。茎数条丛生，直立或斜升，中部以上分枝或不分枝。基生叶及茎下部叶具长柄，匙形或倒披针形。花序具苞片；苞片卵形或狭卵形；花梗短；花萼外面密生向上开展的硬毛及短伏毛，裂片披针形，裂至近基部；花冠淡蓝色，裂片圆形，喉部有梯形附属物；花药卵圆形或长圆形，花丝极短。小坚果肾形。花期 4—6 月。

生境：生于荒野路边、山坡草丛及竹林下，海拔 1600 米以下。

蓝色花儿地中生，
全株身上长硬毛。

打碗花　*Calystegia hederacea* Wallich　旋花科

形态特征：一年生草本，全体不被毛，植株通常矮小。茎细，平卧，有细棱。基部叶片长圆形，叶片基部心形或戟形。花腋生，1 朵，花梗长于叶柄，有细棱；苞片宽卵形；萼片长圆形，顶端钝，具小短尖头，内萼片稍短；花冠淡紫色或淡红色，钟状。蒴果卵球形。种子黑褐色，表面有小疣。花期 5—8 月。

生境：农田、荒地、路旁、河边、沙地草原。

茎白平卧打碗花，
苞片宽卵花儿白。

田旋花 *Convolvulus arvensis* Linnaeus 旋花科

形态特征：多年生草本，根状茎横走，茎平卧或缠绕，有条纹及棱角，无毛或上部被疏柔毛。叶卵状长圆形至披针形，先端钝或具小短尖头，基部大多戟形，或箭形及心形。萼片有毛，长圆状椭圆形，具短缘毛，内萼片近圆形，钝或稍凹；花冠宽漏斗形，白色或粉红色。蒴果卵状球形，或圆锥形，无毛。种子卵圆形，无毛，暗褐色或黑色。花期 7—9 月，果期 8—10 月。

生境：生于耕地及荒坡草地上。广布两半球温带，稀在亚热带及热带地区有分布。

其他用途：全草入药，调经活血，滋阴补虚。

田旋花茎平卧或缠绕，
花冠粉红漏斗形。

牵牛	*Ipomoea nil* (Linnaeus) Roth	旋花科

形态特征：一年生缠绕草本，茎上被倒向的短柔毛及杂有倒向或开展的长硬毛。叶宽卵形或近圆形，基部圆，心形，中裂片长圆形或卵圆形；叶柄毛被同茎。苞片线形或叶状，被开展的微硬毛；花丝基部被柔毛；子房无毛，柱头头状。蒴果近球形。种子卵状三棱形，黑褐色或米黄色，被褐色短绒毛。花期 5—9 月，果期 9—11 月。

生境：生于山坡灌丛、干燥河谷路边、园边宅旁、山地路边，海拔 1600 米以下。

其他用途：种子入药。

牵牛花儿处处在，
漏斗花儿似喇叭。

龙葵	*Solanum nigrum* Linnaeus	茄科

形态特征：一年生直立草本，茎无棱或棱不明显，绿色或紫色，近无毛或被微柔毛。叶卵形，先端短尖，基部楔形至阔楔形而下延至叶柄，全缘或每边具不规则的波状粗齿，光滑或两面均被稀疏短柔毛。花冠白色，筒部隐于萼内，裂片卵圆形，花丝短，花药黄色，顶孔向内；子房卵形，中部以下被白色绒毛，柱头小，头状。浆果球形，熟时黑色。种子多数，近卵形，两侧压扁。花果期 5—9 月。

生境：喜生于田边、荒地及村庄附近。

龙葵很像小紫茄子，
浆果球形熟时黑。

酸浆 | *Physalis alkekengi* Linnaeus | 茄科

形态特征：多年生草本，基部常匍匐生根。茎基部略带木质，分枝稀疏或不分枝，茎节不甚膨大，常被有柔毛，尤其以幼嫩部分较密。叶长卵形至阔卵形、有时菱状卵形。叶柄开花时直立，后来向下弯曲。花萼阔钟状，密生柔毛，萼齿三角形，边缘有硬毛。浆果球状，橙红色，柔软多汁。种子肾脏形，淡黄色。花期 5—9 月，果期 6—10 月。

生境：生长于空旷地或山坡、田野、沟边、草地、林下或路旁水边。

其他用途：果可食。宿萼药用。

记载：按红姑娘一名洛神珠，一名灯笼草，即酸浆草也。

花萼宿存生柔毛，
浆果球形橙红色。

连翘	*Forsythia suspensa* (Thunberg) Vahl	木犀科

形态特征：落叶灌木。枝开展或下垂，棕色、棕褐色或淡黄褐色，小枝土黄色或灰褐色，略呈四棱形，疏生皮孔，节间中空，节部具实心髓。叶通常为单叶，或3裂至三出复叶，叶片卵形、宽卵形或椭圆状卵形至椭圆形，上面深绿色，下面淡黄绿色，两面无毛。花通常单生或2至数朵着生于叶腋，先于叶开放；花萼绿色，裂片长圆形或长圆状椭圆形，先端钝或锐尖，边缘具睫毛，与花冠管近等长；花冠黄色，裂片倒卵状长圆形或长圆形。果卵球形、卵状椭圆形或长椭圆形，先端喙状渐尖，表面疏生皮孔。花期3—4月，果期7—9月。

生境：生于山坡灌丛、林下或草丛中，或山谷、山沟疏林中，海拔2200米以下。

其他用途：果入药。

千步连翘不染尘，
金黄一片迎早春。

紫丁香	*Syringa oblata* Lindley	木犀科

形态特征：落叶灌木、小乔木。单叶互生，叶纸质，叶肾脏形或卵圆形，有少量柔毛，端尖锐型。花分单瓣、重瓣，紫色或白色，花端 4 裂，筒状，圆锥花序。花期 4—5 月。

生境：生于低矮山地、山坡或近草甸林缘。平原地区也有栽培。

观赏价值：白丁香的花密而洁白、素雅而清香，常植于庭园观赏。

其他用途：可作鲜切花。

紫丁香变种白丁香，
花色洁白又清香。

北京丁香 *Syringa reticulata* subsp. *pekinensis* (Ruprecht) P. S. Green et M. C. Chang 木犀科

形态特征：大灌木或小乔木，树皮褐色或灰棕色，纵裂。小枝带红褐色，细长，向外开展，具显著皮孔，萌枝被柔毛。叶片纸质，卵形、宽卵形至近圆形，或为椭圆状卵形至卵状披针形，先端长渐尖、骤尖、短渐尖至锐尖。花丝略短于或稍长于裂片，花药黄色，长圆形。果长椭圆形至披针形，先端锐尖至长渐尖，光滑，稀疏生皮孔。花期 5—8 月，果期 8—10 月。

生境：生于山坡灌丛、疏林、密林、山谷或沟边林下，海拔 600 ～ 2400 米。

观赏价值：枝叶茂盛，北京庭园广为栽培供观赏。

北京丁香夏日花，
花丝接近花裂片。

红丁香 *Syringa villosa* Vahl 木犀科

形态特征：灌木，枝直立，粗壮，灰褐色，具皮孔；小枝淡灰棕色，无毛或被微柔毛，具皮孔。叶片卵形，椭圆状卵形、宽椭圆形至倒卵状长椭圆形，先端锐尖或短渐尖，基部楔形或宽楔形至近圆形。圆锥花序直立，由顶芽抽生，长圆形或塔形；裂片成熟时呈直角向外展开，卵形或长圆状椭圆形，先端内弯呈兜状而具喙，喙凸出；花药黄色，位于花冠管喉部或稍凸出。果长圆形，先端凸尖，皮孔不明显。花期 5—6 月，果期 9 月。

生境：生山坡灌丛或沟边、河旁，海拔 1200 ～ 2200 米。

其他用途：可作为行道树、绿化、美化树种。

北京高山红丁香，
叶大花大粉红色。

暴马丁香	*Syringa reticulata* subsp. *amurensis* (Ruprecht) P. S. Green et M. C. Chang	木犀科

形态特征：落叶小乔木；树皮紫灰褐色，具细裂纹。枝灰褐色，无毛。花序轴、花梗和花萼均无毛；花序轴具皮孔；花萼齿钝、凸尖或截平；花冠白色，呈辐状；花药黄色。果长椭圆形。花期 6—7 月，果期 8—10 月。

生境：生山坡灌丛或林边、草地、沟边，或针阔叶混交林中，海拔 1200 米以下。

其他用途：干皮、枝皮入药。花的浸膏质地优良，可调制各种香精，是一种使用价值较高的天然香料。

暴马丁香生山中，
花冠如雪香味浓。

角蒿	*Incarvillea sinensis* Lamarck	紫葳科

形态特征：一年生至多年生草本，具分枝的茎；根近木质而分枝。叶互生，不聚生于茎的基部，形态多变异，小叶不规则细裂，末回裂片线状披针形，具细齿或全缘。顶生总状花序，疏散；小苞片绿色，线形。花萼钟状，绿色带紫红色，萼齿钻状。花冠淡玫瑰色或粉红色，有时带紫色，钟状漏斗形，基部收缩成细筒，花冠裂片圆形。花柱淡黄色。蒴果淡绿色，细圆柱形，顶端尾状渐尖。种子扁圆形，细小，四周具透明的膜质翅，顶端具缺刻。花期 5—9 月，果期 10—11 月。

生境：生于山坡、田野，海拔 3500 米以下。

紫葳科中出角蒿，
花冠钟状漏斗形。

荆条 *Vitex negundo* var. *heterophylla* (Franchet) Rehder 马鞭草科

形态特征：小乔木或灌木状。小枝密被灰白色绒毛。掌状复叶，小叶（3）5；小叶片边缘有缺刻状锯齿，浅裂以至深裂，背面密被灰白色绒毛。聚伞圆锥花序长 10 ～ 27 厘米，花序梗密被灰色绒毛。花萼钟状，具 5 齿；花冠淡紫色，被绒毛，5 裂，二唇形；雄蕊伸出花冠。核果近球形。花期 4—5 月，果期 6—10 月。

生境：生于山坡路旁或灌木丛中。

其他用途：茎皮可造纸及制人造棉；花和枝叶可提取芳香油；也是蜜源植物。

荆条花蜜甜又香，
紫花开满小灌木。

蓝萼香茶菜	*Isodon japonicus* var. *glaucocalyx* (Maximowicz) H. W. Li	唇形科

形态特征：多年生草本。茎直立，钝四棱形，具四槽及细条纹，下部木质，几无毛，上部被微柔毛及腺点，多分枝，分枝具花序。茎叶对生，卵形或阔卵形，先端具卵形的顶齿，基部阔楔形，疏被短柔毛及腺点。花冠淡紫、紫蓝至蓝色，上唇具深色斑点，外被短柔毛，内面无毛，基部上方浅囊状，冠檐二唇形，上唇反折，先端具4圆裂，下唇阔卵圆形，内凹。成熟小坚果卵状三棱形，黄褐色，无毛，顶端具疣状凸起。花期7—8月，果期9—10月。

生境：生于山坡、路旁、林缘、林下及草丛中，海拔1800米以下。

观赏价值：可作地被观绿植物。

山中蓝萼香茶菜，
花冠淡紫至蓝色。

丹参　*Salvia miltiorrhiza* Bunge　唇形科

形态特征：多年生直立草本；根肥厚，肉质，外面朱红色，内面白色，疏生支根。叶常为奇数羽状复叶。花萼钟形，带紫色，花冠紫蓝色，外被具腺短柔毛，尤以上唇为密。花柱远外伸，先端不相等 2 裂，后裂片极短，前裂片线形。花盘前方稍膨大。小坚果黑色，椭圆形。花期 4—8 月，花后见果。

生境：生于山坡、林下草丛或溪谷旁，海拔 1300 米以下。

其他用途：根和根茎入药。

丹参根粗紫红色，
丹参滴丸人人知。

荆芥 | *Nepeta cataria* Linnaeus | 唇形科

形态特征：多年生植物。茎坚强，基部木质化，多分枝，基部近四棱形，上部钝四棱形，具浅槽，被白色短柔毛。叶卵状至三角状心脏形。花序为聚伞状，花萼花时管状。花冠白色，下唇有紫点，外被白色柔毛，内面在喉部被短柔毛。雄蕊内藏，花丝扁平，无毛。花盘杯状，裂片明显。子房无毛。小坚果卵形，几三棱状，灰褐色。花期 7—9 月，果期 9—10 月。

生境：生于宅旁或灌丛中，海拔一般不超过 2500 米。

其他用途：提取芳香油；也是蜜源植物。

甘草人参，天麻芍药，
薄荷荆芥川芎。

地黄	*Rehmannia glutinosa* (Gaertner) Liboschitz ex Fischer & C. A. Meyer	列当科

形态特征：高 10 ～ 30 厘米，密被灰白色多细胞长柔毛和腺毛。根茎肉质，鲜时黄色。叶通常在茎基部集成莲座状，向上则强烈缩小成苞片，或逐渐缩小而在茎上互生；叶片卵形至长椭圆形，上面绿色，下面略带紫色或成紫红色，边缘具不规则圆齿或钝锯齿以至牙齿。花冠裂片，先端钝或微凹，内面黄紫色，外面紫红色，两面均被多细胞长柔毛。蒴果卵形至长卵形。花果期 4—7 月。

生境：生于沙质壤土、荒山坡、山脚、墙边、路旁等处，海拔 1100 米以下。

其他用途：块根药用。

老头喝酒是地黄，
花儿基部有蜜汁。

阴行草 *Siphonostegia chinensis* Bentham 列当科

形态特征：一年生草本，直立。主根不发达或稍稍伸长，木质，纤锥状，散生。枝对生，叶对生。叶片基部下延，扁平，密被短毛；叶片厚纸质，全缘。花对生于茎枝上部，或有时假对生，构成疏稀的总状花序；苞片叶状，较萼短，羽状深裂或全裂，密被短毛；子房长卵形，柱头头状，常伸出于盔外。蒴果被包于宿存的萼内，约与萼管等长，披针状长圆形，黑褐色，稍具光泽。种子多数，黑色，长卵圆形。花期 6—8 月。

生境：生于干山坡与草地中，海拔 800 ～ 3400 米。

其他用途：全草入药。

初春雨润新苗生，
苦寒无毒阴行草。

黄花列当	*Orobanche pycnostachya* Hance	列当科

形态特征：二年生或多年生草本，直立，基部稍膨大。叶卵状披针形或披针形，干后黄褐色。连同苞片、花萼裂片和花冠裂片外面及边缘密被腺毛。花序穗状，圆柱形，顶端锥状，具多数花；花冠黄色，筒中部稍弯曲；全部裂片近圆形，边缘波状或具不规则的小圆齿状牙齿。花药长卵形，缝线被长柔毛。子房长圆状椭圆形，花柱稍粗壮。蒴果长圆形，干后深褐色。种子多数，干后黑褐色，长圆形，表面具网状纹饰，网眼底部具蜂巢状凹点。花期4—6月，果期6—8月。

生境：寄生于蒿属Artemisia植物根上；生于沙丘、山坡及草原上，海拔2500米以下。

寄生植物生土中，
花冠黄色要记清。

松蒿	*Phtheirospermum japonicum* (Thunberg) Kanitz	列当科

形态特征：一年生草本，植体被多细胞腺毛。茎直立或弯曲而后上升，通常多分枝。叶具长 5 ～ 12 毫米边缘有狭翅之柄，叶片长三角状卵形，近基部的羽状全裂，向上则为羽状深裂；小裂片长卵形或卵圆形，边缘具重锯齿或深裂，萼齿 5 枚，叶状，披针形，羽状浅裂至深裂，裂齿先端锐尖；花冠紫红色至淡紫红色，外面被柔毛；上唇裂片三角状卵形，下唇裂片先端圆钝；花丝基部疏被长柔毛。蒴果卵珠形。种子卵圆形，扁平。花果期 6—10 月。

生境：生于山坡灌丛阴处，海拔 1900 米以下。

松蒿一年生草本，体被多细胞腺毛。

桔梗　*Platycodon grandiflorus* (Jacquin) A. Candolle　桔梗科

形态特征：多年生草本。茎通常无毛，偶密被短毛，不分枝，极少上部分枝。叶全部轮生，部分轮生至全部互生，无柄或有极短的柄，叶片卵形、卵状椭圆形至披针形，基部宽楔形至圆钝，顶端急尖，上面无毛而绿色，下面常无毛而有白粉，边缘具细锯齿。花单朵顶生，或数朵集成假总状花序，或有花序分枝而集成圆锥花序；花萼筒部半圆球状或圆球状倒锥形；花冠大，蓝色或紫色。蒴果球状或球状倒圆锥形，或倒卵状。花期 7—9 月。

生境：生于草丛、灌丛中，少生于林下，海拔 2000 米以下。

其他用途：根入药。

朝鲜小菜有桔梗，
花冠蓝色或紫色。

细叶沙参	*Adenophora capillaris* subsp. *paniculata* (Nannfeldt) D. Y. Hong et S. Ge	桔梗科

形态特征：多年生草本植物，根胡萝卜状，不分枝，高可达 1 米，植株直立而不分枝，假总状或圆锥花序，狭窄，花梗短，花萼全缘或具齿；花冠常紫色或蓝色，花梗短，花丝下部扩大成片状，花药细长；子房下位，胚珠多数。种子椭圆状。花期 7—8 月。

生境：多生于低山草丛中，也有生于 1000 ～ 3200 米的山坡。

桔梗科植物有沙参，
养阴清热可化痰。

银背风毛菊	*Saussurea nivea* Turczaninow	菊科

形态特征：多年生草本。根状茎斜升，颈部被褐色叶柄残迹。茎直立，被稀疏蛛丝毛或后脱毛，上部有伞房花房状分枝。基生叶花期脱落；下部与中部茎叶有长柄；上部茎叶渐小，与中下部茎叶同形或卵状椭圆形、长椭圆形至披针形。头状花序在茎枝顶端排列成伞房花序。总苞片被白色棉毛，外层卵形，顶端短渐尖，有黑紫色尖头，中层椭圆形或卵状椭圆形。小花紫色，细管部与檐部几等长。瘦果圆柱状，褐色。花果期 7—9 月。

生境：生于山坡林缘、林下及灌丛中，海拔 2500 米以下。

其他用途：可作背景或地被材料。

银背风毛菊叶背白，
多年生草本易分辨。

篦苞风毛菊	*Saussurea pectinata* Bunge ex Candolle	菊科

形态特征：多年生草本。根状茎斜升，颈部被褐色纤维状撕裂的叶柄残迹。茎直立，有棱。叶片卵形、卵状披针形或椭圆形，羽状深裂，少羽状浅裂，上面及边缘有糙毛，绿色，上部茎叶有短柄，羽状浅裂或不裂而边缘全缘。头状花序数个在茎枝顶端排成伞房花序。总苞钟状；总苞片 5 层。小花紫色。瘦果圆柱状，无毛。冠毛 2 层，污白色，外层短，糙毛状，内层长，羽毛状。花果期 8—10 月。

生境：生于山坡林下、林缘、路旁、草原、沟谷，海拔 1900 米以下。

山上篦苞风毛菊，
叶片羽状深裂。

风毛菊	*Saussurea japonica* (Thunberg) Candolle	菊科

形态特征：二年生草本。根倒圆锥状或纺锤形，黑褐色，生多数须根。茎直立。全部两面同色，绿色，下面色淡，两面有稠密的凹陷性的淡黄色小腺点。头状花序多数，有小花梗。总苞圆柱状；总苞片 6 层，外层长卵形，顶端微扩大，紫红色，中层与内层倒披针形或线形，顶端有扁圆形的紫红色的膜质附片，附片边缘有锯齿。小花紫色。瘦果深褐色，圆柱形。冠毛白色，糙毛状。花果期 6—11 月。

生境：生于山坡、山谷、林下、路旁、灌丛、荒坡、水旁、田中，海拔 2800 米以下。

山中可见风毛菊，
头状花序有很多。

鸦葱	*Scorzonera austriaca* Willdenow	菊科

形态特征：多年生草本。根垂直直伸，黑褐色。基生叶线形、狭线形、线状披针形、线状长椭圆形、线状披针形或长椭圆形；茎生叶少数，2 ～ 3 枚，鳞片状，披针形或钻状披针形，基部心形，半抱茎。头状花序单生茎端。总苞圆柱状。总苞片约 5 层，外层三角形或卵状三角形，中层偏斜披针形或长椭圆形，内层线状长椭圆形；全部总苞片外面光滑无毛，顶端急尖、钝或圆形。舌状小花黄色。瘦果圆柱状，有多数纵肋，无毛，无脊瘤。冠毛淡黄色。花果期 4—7 月。

生境：生于山坡、草滩及河滩地。

绿枝绽黄花，
却道是鸦葱。

桃叶鸦葱	*Scorzonera sinensis* (Lipschitz et Krascheninnikov) Nakai	菊科

形态特征：多年生草本。根垂直直伸，有串珠状变粗的球形块根。茎直立。基生叶多数，茎生叶互生，常对生或几对生或有时3枚轮生，与基生叶同形并被同样的毛被，但较小或同等大小。头状花序生茎枝顶端。总苞狭圆柱状。舌状小花黄色。瘦果圆柱状，无毛，无脊瘤。冠毛白色，大部为羽毛状，羽枝纤细，蛛丝毛状。花果期4—7月。

生境：生于石质山坡、荒漠砾石地、平坦沙地、半固定沙丘、盐碱地、路边、荒地、山前平原及沙质冲积平原，海拔4000米以下。

叶片细长乌鸦吃，
舌状小花呈黄色。

蒙古蒲公英	*Taraxacum mongolicum* Handel-Mazzetti	菊科

形态特征：多年生草本。根圆柱状，黑褐色，粗壮。叶倒卵状披针形、倒披针形或长圆状披针形，先端钝或急尖，边缘有时具波状齿或羽状深裂，有时倒向羽状深裂或大头羽状深裂；叶柄及主脉常带红紫色，疏被蛛丝状白色柔毛或几无毛。舌状花黄色，边缘花舌片背面具紫红色条纹，花药和柱头暗绿色。瘦果倒卵状披针形，暗褐色，上部具小刺，下部具成行排列的小瘤；冠毛白色。花期 4—9 月，果期 5—10 月。

生境：生于中低海拔地区的山坡草地、路边、田野、河滩等。

其他用途：全草入药。

蒲绒飘曳漫无涯，
应化随缘处处家。

黄瓜假还阳参 *Crepidiastrum denticulatum* (Houttuyn) Pak et Kawan 菊科

形态特征：一年生或二年生草本。根多为须根。茎直立且单生。中下部茎不分裂且多形状，顶部尖或钝，基部呈圆形；头状花序多数，含约 15 枚黄色舌状花。总苞圆柱状；披针形或长椭圆形，总苞片外面无毛。瘦果长椭圆形，压扁，黑色或黑褐色。冠毛白色，糙毛状。花果期 5—11 月

生境：生于低矮山边、沟旁等。

岩缝拔出一抹黄，
山间风景别样秀。

狭苞橐吾　*Ligularia intermedia* Nakai　菊科

形态特征：多年生草本。根肉质。茎直立。丛生叶与茎下部叶具柄，光滑，基部具狭鞘，叶片肾形或心形，先端钝或有尖头，两面光滑，叶脉掌状；茎最上部叶卵状披针形，苞叶状。总状花序，苞片线形或线状披针形；花序梗近光滑；头状花序多数，辐射状；小苞片线形；总苞片长圆形，背部光滑，边缘膜质。舌状花黄色，舌片长圆形；管状花伸出总苞，冠毛紫褐色，有时白色。瘦果圆柱形。花果期 7—10 月。

生境：生于水边、山坡、林缘、林下及高山草原，海拔 3400 米以下。

其他用途：花序用开水冲泡代茶饮，具有清热解毒、消炎去火等。

狭苞橐吾属菊科，
花序冲泡代茶饮。

紫菀　*Aster tataricus* Linnaeus　菊科

形态特征：多年生草本，根状茎斜升。茎直立，粗壮，基部有纤维状枯叶残片且常有不定根。基部叶在花期枯落，长圆状或椭圆状匙形，下半部渐狭成长柄，顶端尖或渐尖，边缘有具小尖头的圆齿或浅齿。头状花序多数，在茎和枝端排列成复伞房状；花序梗长，有线形苞叶。总苞半球形，总苞片3层，线形或线状披针形，顶端尖或圆形，全部或上部草质，被密短毛，有草质中脉。瘦果倒卵状长圆形，紫褐色。花期7—9月，果期8—10月。

生境：生于低山阴坡湿地、山顶和低山草地及沼泽地，海拔2000米以下。

其他用途：根、根茎入药。

秋季开紫菀，
根和根茎可入药。

狗娃花	*Aster hispidus* Thunberg	菊科

形态特征：一年生或二年生草本。有垂直的纺锤状根。单生或数个丛生，下部常脱毛，有分枝。基部及下部叶在花期枯萎，倒卵形，顶端钝或圆形；中部叶矩圆状披针形或条形。头状花序单生于枝端而排列成伞房状。瘦果倒卵形，扁，有细边肋，被密毛。冠毛在舌状花极短，白色，膜片状，或部分带红色，糙毛状。花期 7—9 月，果期 8—9 月。

生境：生于荒地、路旁、林缘及草地，海拔 2400 米以下。

狗娃花较常见，
头状花序伞房状。

小红菊 *Chrysanthemum chanetii* H. Léveillé 菊科

形态特征：多年生草本，有地下匍匐根状茎。茎直立或基部弯曲，自基部或中部分枝，但通常仅在茎顶有伞房状花序分枝。全部茎枝有稀疏的毛，茎顶及接头状花序处的毛稍多。中部茎叶肾形、半圆形、近圆形或宽卵形。全部中下部茎叶基部稍心形或截形。全部苞片边缘白色或褐色膜质。舌状花白色、粉红色或紫色。管状花黄色。瘦果顶端斜截，下部收窄。花果期 7—10 月。

生境：生于草原、山坡林缘、灌丛及河滩与沟边。

山中小红菊，
秋天较常见。

甘菊	*Chrysanthemum lavandulifolium* (Fischer ex Trautvetter) Makino	菊科

形态特征：多年生草本，地下匍匐茎。茎直立，自中部以上多分枝或仅上部伞房状花序分枝。茎枝有稀疏柔毛。总苞碟形。总苞片约 5 层。外层线形或线状长圆形，无毛或有稀柔毛；中内层卵形、长椭圆形至倒披针形，全部苞片顶端圆形，边缘白色或浅褐色膜质。舌状花黄色，舌片椭圆形，端全缘或 2 ～ 3 个不明显的齿裂。瘦果。花果期 5—11 月。

生境：生于山坡、石堆、河谷、河岸、荒地及黄土丘陵等地，海拔 630 ～ 2800 米。

其他用途：花序入药。

甘菊又叫野菊到处生，
黄色小花序可作菊花茶。

南牡蒿	*Artemisia eriopoda* Bunge	菊科

形态特征：多年生草本。主根明显，粗短、侧根多；根状茎稍粗短，肥厚，常成短圆柱状。茎通常单生，具细纵棱，基部密生短柔毛，分枝多，开展。叶纸质，上面无毛，背面微有短柔毛或无毛；基生叶与茎下部叶近圆形、宽卵形或倒卵形，一至二回大头羽状深裂或全裂或不分裂；中部叶近圆形或宽卵形，一至二回羽状深裂或全裂。瘦果长圆形。花果期 6—11 月。

生境：生于林缘、路旁、草坡、灌 . 丛、溪边、疏林内或林中空地，也见于森林草原与山地草原地区，海拔 1500 米以下。

山地平原南牡蒿，
幼苗可以作野菜。

旋覆花	*Inula japonica* Thunberg	菊科

又名金佛花、金佛草、六月菊。

形态特征：多年生草本。根状茎短，横走或斜升，有多少粗壮的须根。茎单生。基部叶常较小，在花期枯萎；中部叶长圆形、长圆状披针形或披针形；中脉和侧脉有较密的长毛。花序梗细长。头状花序，多数或少数排列成疏散的伞房花序；总苞半球形线状披针形。舌状花黄色，舌片线形。管状花黄色。瘦果圆柱形，顶端截形。花期 6—10 月，果期 9—11 月。

生境：生于山坡路旁、湿润草地、河岸和田埂上，海拔 2400 米以下。

其他用途：地上部入药。

众花皆升，
旋覆独降。

婆婆针 | *Bidens bipinnata* Linnaeus | 菊科

形态特征：一年生草本，上部无毛或绒毛稀疏，茎下部有小叶，开花前会枯萎。总苞的苞片 6 ～ 8 枚，草质外层的托片为披针形。盘花为筒状，冠裂为 5 齿，无舌状花。瘦果黑色，微扁且有棱，成条形，顶部芒刺 2 ～ 5 枚，有倒刺毛。花期 8—9 月。果期 9—11 月。

生境：生于路边、荒地、山坡及田间。

婆婆针一年生，
瘦果顶端有芒刺。

鳢肠	*Eclipta prostrata* (Linnaeus) Linnaeus	菊科

形态特征：一年生草本。茎直立，斜升或平卧，通常自基部分枝，被贴生糙毛。叶长圆状披针形或披针形，无柄或有极短的柄，顶端尖或渐尖，边缘有细锯齿或有时仅波状，两面被密硬糙毛。头状花序；总苞球状钟形，总苞片绿色，草质，长圆形或长圆状披针形，外层较内层稍短，背面及边缘被白色短伏毛；花柱分枝钝，有乳头状突起；花托凸，有披针形或线形的托片。瘦果暗褐色，雌花的瘦果三棱形，两性花的瘦果扁四棱形，顶端截形，表面有小瘤状突起，无毛。花期 6—9 月。

生境：生于河边、田边或路旁。

其他用途：地上部入药。

水边湿地生鳢肠，
手指掐掐出黑水。

接骨木	*Sambucus williamsii* Hance	忍冬科

形态特征：落叶灌木或小乔木；老枝淡红褐色，具明显的长椭圆形皮孔，髓部淡褐色。花与叶同出，圆锥形聚伞花序顶生，具总花梗，花序分枝多成直角开展；花小而密；萼筒杯状；花冠蕾时带粉红色，开后白色或淡黄色，筒短，裂片矩圆形或长卵圆形；雄蕊与花冠裂片等长，开展，花药黄色；子房 3 室，花柱短，柱头 3 裂。果实红色，极少蓝紫黑色，卵圆形或近圆形；分核 2 ～ 3 枚，卵圆形至椭圆形，略有皱纹。花期一般 4—5 月，果熟期 9—10 月。

生境：生于山坡、灌丛、沟边、路旁、宅边等地。

听名似硬木，
实白花红果。

锦带花 *Weigela florida* (Bunge) Candolle 忍冬科

形态特征：落叶灌木；幼枝稍四方形；树皮灰色。芽顶端尖鳞片光滑。叶矩圆形、椭圆形至倒卵状椭圆形，顶端渐尖，基部阔楔形至圆形，边缘有锯齿，上面疏生短柔毛，下面密生短柔毛或绒毛。花单生或成聚伞花序生于侧生短枝的叶腋或枝顶；萼筒长圆柱形，疏被柔毛；花冠紫红色或玫瑰红色，外面疏生短柔毛，裂片不整齐，开展，内面浅红色。果实顶有短柄状喙，疏生柔毛。种子无翅。花期 4—6 月。

生境：生于杂木林下或山顶灌木丛中，海拔 1500 米以下。

其他用途：适宜庭院墙隅、湖畔群植；也可在树丛林缘作篱笆、丛植配植。

锦带花满山遍野，
花条远观似锦带。

异叶败酱（墓头回） *Patrinia heterophylla* Bunge 忍冬科

形态特征：落叶灌木；小枝与叶柄密生黄褐色短毛。单叶，叶菱状卵形或菱形，叶缘有不整齐的锯齿，叶下面的毛较密。聚伞花序与叶对生，具多数花，花色淡黄。核果橙红色。花期 7—9 月，果期 8—10 月。

生境：在平原和低山中常见。

观赏价值：果实橙红色，鲜丽耀眼，宿存在枝条上几个月。

异叶败酱花淡黄，
核果橙红丽耀眼。

糙叶败酱	*Patrinia scabra* Bunge	忍冬科

形态特征：多年生草本；根状茎稍斜升；茎多数丛生，连同花序梗被短糙毛，叶片倒卵长圆形、长圆形、卵形或倒卵形，羽状浅裂、深裂至全裂或不分裂而有缺刻状钝齿，裂片条形、长圆状披针形或披针形；茎生叶长圆形或椭圆形，羽状深裂至全裂，叶柄短，上部叶无柄。花密生，顶生伞房状聚伞花序；果苞长圆形、卵形、卵状长圆形或倒卵状长圆形、倒卵圆形或倒卵形。花期 7—9 月，果期 8—9 月。

生境：生于草原带、森林草原带的石质丘陵坡地石缝或较干燥的阳坡草丛中，海拔 2500 米以下。

败酱科糙叶败酱，
花儿朵朵可观赏。

楤木 *Aralia chinensis* Linnaeus 五加科

形态特征：灌木或乔木；树皮灰色，疏生粗壮直刺；小枝通常淡灰棕色，有黄棕色绒毛，疏生细刺。叶为二回或三回羽状复叶；叶柄粗壮。圆锥花序大；分枝密生淡黄棕色或灰色短柔毛；伞形花序有花多数；总花梗密生短柔毛；苞片锥形，膜质，外面有毛；花梗密生短柔毛，稀为疏毛；花白色，芳香；萼无毛，边缘有 5 个三角形小齿；花瓣为卵状三角形；雄蕊 5；子房 5 室；花柱 5。果实球形，黑色，有 5 棱；宿存花柱离生或合生至中部。花期 7—9 月，果期 9—12 月。

生境：生于森林、灌丛或林缘路边。

驱鸡上楤木，
始闻叩柴荆。

刺五加 | *Eleutherococcus senticosus* (Ruprecht et Maximowicz) Maximowicz | 五加科

又名坎拐棒子，一百针。

形态特征：灌木；分枝多，一年生、二年生植株通常密生刺，稀仅节上生刺或无刺；刺直而细长，针状，基部不膨大，脱落后遗留圆形刺痕。叶柄常疏生细刺；小叶片纸质，椭圆状倒卵形或长圆形。伞形花序单个顶生，有花多数；花紫黄色；花瓣卵形。果实球形或卵球形，黑色。花期 6—7 月，果期 8—10 月。

生境：生于森林或灌丛中，海拔数百米至 2000 米。

其他用途：茎、根茎、根入药；种子可榨油、制皂。

五加科植物刺五加，
刺密生又叫一百针。

白芷	*Angelica dahurica* (Fischer ex Hoffmann) Bentham & J. D. Hooker ex Franchet & Savatier	伞形科

形态特征：多年生草本，根圆柱形，外表皮黄褐色至褐色，有浓烈气味。花白色，无萼齿，花瓣倒卵形，顶端内曲成凹头状。果实长圆形至卵圆形，黄棕色，有时带紫色，无毛，背棱扁，厚而钝圆，侧棱翅状，较果体狭。花期 7—8 月，果期 8—9 月。

生境：生于林下、林缘、溪旁、灌丛、山谷或草地。

其他用途：根入药。

白芷香料长山中，
花瓣白色果黄棕。

短毛独活	*Heracleum moellendorffii* Hance	伞形科

形态特征：多年生草本。根圆锥形、粗大，多分枝，灰棕色。茎直立，有棱槽，上部开展分枝。叶有柄；叶广卵形，膜质，三出分裂，裂片广卵形至圆形、心形或不规则；茎上部叶有显著宽展的叶鞘。复伞形花序顶生和侧生；总苞片少数，线状披针形；花柄细长；萼齿不显著；花瓣白色。分生果圆状倒卵形，顶端凹陷，背部扁平。花期 7 月，果期 8—10 月。

生境：生长于阴坡山沟旁、林缘或草甸上。

短毛独活草高大，
花瓣白色一大片。

后 记

经过大家的努力工作，终于完成了本书。本书参考和引用了《北京植物志》《河北植物志》《中国植物志》《 Flora of China》等书的内容，在此对原著作者表示感谢。还要感谢天池峡谷森林公园袁树海、杨海成等各位领导的大力支持，感谢北京农学院的老师和研究生、本科生的多次考察和摄影，感谢甄文全先生在编写、出版过程中的大力支持，感谢刘冰老师的细心审稿。

本著作出版得到以下项目资助：“科技创新服务能力建设 - 科研基地建设 - 林果业生态环境功能提升协同创新中心（2011 协同创新中心）（市级）（PXM2018_014207_000024）”。